Verständliche Wissenschaft Band 109

Winston E. Kock

Schallwellen und Lichtwellen

Die Grundlagen der Wellenbewegung

Übersetzt von H. D. Bohnen

Mit 100 Abbildungen

Springer-Verlag
Berlin · Heidelberg · New York 1971

Herausgeber der Naturwissenschaftlichen Abteilung:
Prof. Dr. Karl v. Frisch, München

Winston E. Kock, Executive Offices,
The Bendix Corporation, Bendix Center,
Southfield, MI 48075/USA

Titel der englischen Originalausgabe:
Winston E. Kock
Sound Waves and Light Waves
Copyright © 1965 by Educational Services Incorporated

ISBN-13: 978-3-540-05358-3   e-ISBN-13: 978-3-642-48099-7
DOI: 10.1007/ 978-3-642-48099-7

Umschlaggestaltung: W. Eisenschink, Heidelberg

Harald T. Friis

gewidmet

Über den Autor

Eine ungewöhnlich vielseitige Laufbahn als Ingenieur und Wissenschaftler befähigte den Verfasser, dieses Buch „Schallwellen und Lichtwellen" zu schreiben. Im Laufe seiner wissenschaftlichen Arbeiten leistete W. E. Kock Beiträge auf den Gebieten der Akustik, der Radartechnik, der Festkörperphysik und des Fernsehens; außerdem baute er eine der ersten elektronischen Orgeln und wirkte mit bei der Entwicklung eines Computers, der Sprachlaute erkennen konnte.

Winston E. Kock studierte an der Universität von Cincinnati, an der er im Jahr 1932 als Abschlußarbeit im Fach Elektrotechnik die Entwicklung der elektronischen Orgel behandelte. Dort erwarb er im folgenden Jahr auch den Titel Master of Science im Fach Physik. Von Cincinnati ging er nach Berlin und promovierte dort 1934 *cum laude* zum Doktor der Physik. In Berlin hatte er Kontakt mit Max Planck und Max von Laue, zwei großen Wissenschaftlern zu Beginn unseres Jahrhunderts. Nach einem Jahr als Dozent in Cincinnati trat er in das Institute for Advanced Study in Princeton, N. J. ein und besuchte Vorlesungen von Albert Einstein, John von Neumann und Eugene Wigner. Einen Sommer verbrachte er am Indian Institute of Science in Bangalore (Indien) und studierte dort bei dem Nobelpreisträger Sir C. V. Raman.

Viele Jahre widmete sich Dr. Kock der Entwicklung einer kommerziellen Ausführung seiner Orgel für die Baldwin Piano Company in Cincinnati. Im Jahr 1942 ging er zum Radio Research Department der Bell Telephone Laboratories in Holmdel, New Jersey. Dort arbeitete er unter der Leitung von Harald T. Friis auf dem Gebiet der Mikrowellenlinsen, die schließlich in den kontinent-umspannenden Mikrowellen-Relaisstationen der Firma Bell Verwendung fanden. Dr. Kock wechselte im Jahr 1948 zu den Bell Murray Hill Laboratories, um auf dem Gebiet der Akustik und der Transistortechnik zu arbeiten. (Er besitzt ein Patent für den Koaxial-Transistor). Er wurde Direktor der Akustik-Forschungsabteilung der Bell Laboratorien, erfand verschiedene Linsen für Lautsprecher und arbeitete an der Entwicklung des Computers zur Spracherkennung weiter. Außerdem leitete er die Forschungsabteilung für schmalbandige Fernseh-Übertragungssysteme, die auf akustischen Verfahren basieren.

Im Jahr 1956 ging Dr. Kock zur Bendix Corporation nach Detroit, Michigan, und wurde in der Folgezeit ihr Vizepräsident in der Forschungsabteilung. Am 1. September 1964 wurde Dr. Kock Leiter des neuen NASA Electronic Research Center.

Dr. Kock lebt in Ann Arbor, Michigan. Seine Hobbies sind das Klavier- und Orgelspiel, sowie das Züchten von Orchideen. Zwei Neuheiten benannte er nach den Namen seiner Frau und eines der drei Kinder. Die Universität von Cincinnati verlieh ihm 1952 die Ehrendoktorwürde der Naturwissenschaften und Eta Kappa Nu, die Ehrenverbindung der Elektrotechniker zeichnete ihn mehrfach aus. Während der sechs zurückliegenden Jahre war er Vorstandsmitglied des American Institute of Physics. Er besitzt mehr als 80 Patente.

Vorwort

Es gibt im Physikunterricht einen klassischen Demonstrationsversuch zur Darstellung einer wichtigen Eigenschaft des Lichts. Ein schmaler Lichtstrahl von einer Lampe oder einem Projektor fällt in ein mit Rauch gefülltes gläsernes Gefäß. Wir können den Strahl sehen, da die Rauchpartikeln einen Teil des Lichts nach allen Seiten reflektieren — oder streuen. Auf dem Boden des Gefäßes befindet sich eine glänzende, reflektierende Oberfläche, z. B. ein Glasspiegel. Wenn nun der Lichtstrahl auf den Spiegel trifft und reflektiert wird, bildet sich deutlich im Rauch ein V mit dem Scheitelpunkt auf dem Spiegel. Sogar ohne genaue Messung können wir *mit unseren eigenen Augen sehen*, daß es eine ganz einfache Beziehung geben muß zwischen dem Winkel, unter dem der Strahl auf den Spiegel auftrifft und dem Winkel, unter dem er den Spiegel wieder verläßt.

Eine senkrecht zum Spiegel gezeichnete (oder gedachte) Linie in der Spitze des V wird die *Normale* genannt. Wenn wir nun die zwei Schenkel des V in Beziehung zu der Normalen betrachten, wird deutlich, daß der Winkel zwischen dem auftreffenden Strahl und der Normalen gleich dem Winkel zwischen der Normalen und dem reflektierenden Strahl ist. Es würde jetzt keine Schwierigkeit bereiten, sich an das Gesetz *Einfallswinkel gleich Ausfallswinkel* zu erinnern, und, wären wir mit Euklids Geometrie vertraut, mathematische Beziehungen zwischen Lichtstrahlen und Oberflächen verschiedener Gestalt auf Grund dieser Gesetze abzuleiten. Aber es besteht ein großer Unterschied zwischen auswendig gelernten Gesetzen und dem V, das wir mit eigenen Augen sehen können. Ein auswendig gelerntes Gesetz ist eine Abstraktion, die wir aus Respekt vor der Überlieferung anzuerkennen bereit sind; das deutliche V hingegen, das in dem rauchgefüllten Gefäß aufleuchtet, ist Realität, die man nie vergessen wird. Die Beobachtung dieses Experiments hat uns wenigstens ein physikalisches Gesetz aus dem Bereich des Lichts eingeprägt.

Begriffe wie Lichtwellen, Radiowellen oder Schallwellen gehören zum Wortschatz der meisten Menschen der zivilisierten Welt. Ein Wunder, wenn es anders wäre, denn mehr und mehr lebt unsere Gesellschaft mit Geräten, deren Arbeitsweise vom Wellenverhalten abhängig ist. Diese Geräte jedoch sind im Laufe der Zeit außerordentlich kompliziert geworden und beruhen auf Licht- (bzw. Schall-) Gesetzen, die nicht mehr durch einfache Demonstrationen wie der oben beschriebenen dargestellt werden können. Dennoch ist es möglich, einige dieser verborgenen Eigenschaften von Licht und Schall in verständlichen, sichtbaren Experimenten darzustellen, und es ist die Absicht dieses Buches, dem Leser eine Art Führung an Hand von Experimenten zu bieten. Mancher Leser wird in der Lage sein, eine Anzahl Versuche selbst nachzuvollziehen, aber es ist die Hoffnung und Absicht des Autors, daß jeder Leser aus den Zeichnungen, Fotografien und den sie begleitenden Beschreibungen ein gleiches Maß an Verständnis erhält, wie er es aus dem Experiment des reflektierten Lichtstrahls gewinnt. Natürlich ist es das Hauptziel dieses Buches, verschiedenartige Aspekte des Wellenverhaltens zu erklären, indem man diese im Experiment in darstellbaren Situationen zeigt; zusätzlich jedoch wird der Leser mit zahlreichen fortschrittlichen und wichtigen technischen Geräten Bekanntschaft machen.

Manchen Leser mag es überraschen, daß wir Schall und Licht im gleichen Satz zusammen nennen. Sie stellen natürlich zwei grundsätzlich verschiedene Phänomene dar, wahrgenommen einmal durch den Gehörsinn, zum anderen durch den Gesichtssinn. Schallwellen verursachen die mechanische Bewegung von Luftpartikeln, wohingegen Lichtwellen von elektromagnetischer Natur sind. Dennoch haben beide eine entscheidende gemeinsame Eigenschaft: Beide sind Formen von Wellenbewegungen. Es ist interessant zu sehen, wieviel man durch die Beobachtung von Schallwellen über die elektromagnetischen Wellen lernen kann (und umgekehrt natürlich auch). Wir werden sehen, daß beide Wellenarten mit Hilfe derselben Technik sichtbar gemacht werden können*, und daß es Linsen und Prismen gibt, die gleichzeitig sowohl

---

* Alle Fotografien von Schallwellen und Mikrowellen sind von F. K. Harvey (Bell Telephone Labs.) aufgenommen worden. Der Autor dankt Mr. Harvey für die Erlaubnis, sie benutzen zu dürfen.

X

Schallwellen als auch elektromagnetische Wellen bündeln und streuen können. Wir werden den berühmten britischen Physiker Lord Rayleigh (1842—1919) kennenlernen, der zuerst in allgemeinen Formen Probleme der Streuung und Beugung (wobei er, wie er es nannte, Luftwellen und elektrische Wellen zusammenfaßte) und später einzelne spezielle Fälle analysierte, die nur für einen der beiden Wellentypen zutrafen.

Es ist eine Absicht dieses Buches, Ähnlichkeiten zwischen Schall- und Lichtwellen herauszustellen und zu zeigen, daß die Kenntnis der Verhaltensweise der einen uns das Verständnis der anderen erleichtert. Die Brauchbarkeit von Vergleichen in der Wissenschaft kann auf diese Weise hoffentlich deutlich gemacht werden. Wie oft können wir neue Entwicklungen auf einem bestimmten Wissensgebiet auch auf andere, entfernte Gebiete übertragen, und es erfordert sehr viel Übung, Ähnlichkeiten zwischen zwei Gebieten, und seien sie scheinbar noch so entfernt, zu erkennen. Lord Rayleigh war ein solcher Wissenschaftler, der, wie viele vor und nach ihm, Vergleiche oder Analogien sehr erfolgreich anwandte. Man muß schon den Willen haben, Wissen auf den verschiedensten Gebieten zu erwerben. Eine allzu einseitige Spezialisierung verhindert analoges Denken. Die meisten großen Wissenschaftler versuchen heute, ein breit gefächertes Interesse auf vielen Gebieten zu pflegen.

Um das „Vergleichsdenken" zu fördern, wird unser Buch nicht in Kapitel über Schall und solche über elektromagnetische Wellen eingeteilt, sondern beide Themen werden zusammen diskutiert. Zunächst sollen die grundlegenden Eigenschaften der Wellenbewegung behandelt werden, danach soll die bildliche Darstellung von Schall- und Lichtwellen folgen. Abschließend werden verschiedene Analogien zwischen beiden Wellentypen betrachtet.

Inhalt

Kapitel 1

Wellenbewegung

Wasserwellen

Wellenbewegungen gehören zu unseren frühesten Erlebnissen. Wer hat nicht schon als Kind Steine in jede kleinste Wasserlache geworfen? Oder in der Badewanne geplanscht? Und wenn auch vielleicht das so befriedigende Geräusch der ursprüngliche Reiz dieses Spiels war, so wurde mit der Zeit doch die Beobachtung der durch den Stein entstandenen Wellen die Hauptattraktion. Die symmetrischen Muster sind unserem Wesen sehr verwandt. Die Wellen rollen vom Eintauchpunkt des Steins aus in immer größer werdenden Kreisen mit gleichbleibender Geschwindigkeit über das Wasser, um irgendwann auszulaufen (wenn der Teich oder See groß genug ist) oder vom Ufer oder an anderen Hindernissen reflektiert zu werden.

In der Schule lernten wir, daß schon das typische Eintauchgeräusch eine Wellenbewegung bedeutet. Alle Phänomene, die wir mit den Augen als Licht und mit den Ohren als Schall wahrnehmen, sind gleichermaßen Wellenbewegungen wie die Wasserwellen, die ein Stein beim Eintritt ins Wasser auslöst. Die Wellen des Lichts und des Schalls sind uns nur insofern weniger geläufig als Wasserwellen, weil ihre Bewegung nicht auf der zweidimensionalen Oberfläche des Teiches, sondern im dreidimensionalen Raum abläuft. Trotzdem können wir zu Anfang unserer Betrachtung aus der Beobachtung der Wasserwellen auf die Eigenschaften aller Wellenbewegungen schließen.

Wir konnten beobachten, daß die vom Stein hervorgerufenen Wellen sich mit gleicher Geschwindigkeit fortpflanzten. Diese Wellengeschwindigkeit (s. Abb. 1) wird *Fortpflanzungsgeschwindigkeit* genannt. Die Wellen haben Berge und Täler, Punkte, an denen der Wasserspiegel erhöht, und Punkte, an denen er niedrig ist. Die Oberfläche bewegt sich rhythmisch in der Folge Berg und

Tal. Der Abstand zwischen aufeinanderfolgenden Bergen und Tälern wird Wellenlänge genannt, die gewöhnlich mit dem griechischen Buchstaben λ (Lambda) bezeichnet wird. Die Wellen verursachen, wenn sie einen bestimmten Punkt auf der Wasseroberfläche passieren, eine Auf- und Abbewegung des Wassers

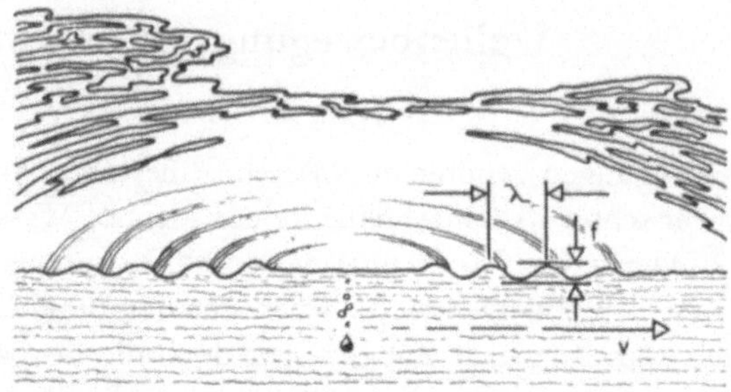

Abb. 1. Wasserwellen auf einem Teich. Die Geschwindigkeit v wird Fortpflanzungsgeschwindigkeit genannt, der Abstand von einem Wellenberg zum nächsten ist die Wellenlänge λ und die Periodizität der Auf- und Abbewegung eines Punktes auf der Oberfläche heißt Frequenz f

an dieser Stelle. Diese Auf- und Abbewegung wiederholt sich periodisch, und die Anzahl pro Sekunde, in der sich diese Bewegung wiederholt, wird Frequenz der Welle genannt. Sie wird mit f oder dem griechischen Buchstaben ν (nü) bezeichnet.

Wir werden nun im folgenden diese drei grundsätzlichen Aspekte der Wellenbewegung detailliert behandeln: 1. die Geschwindigkeit, mit der die Welle sich vorwärtsbewegt oder fortpflanzt, 2. den Abstand zwischen Bergen und Tälern (d. h. die Wellenlänge) und 3. die Periodizität oder Frequenz, die Eigenschaft der Welle nämlich, die durch die Häufigkeit, mit der das Medium sich in einer Zeiteinheit auf und ab bewegt, definiert wird.

Wellengeschwindigkeit

Wenn wir jemanden sehen, der in einiger Entfernung Hammerschläge ausführt oder sonst irgendein lautes Geräusch verursacht, das sichtbare physische Bewegung voraussetzt, stellen wir fest, daß zwischen der gesehenen Aktion und dem gehörten Geräusch ein zeitlicher Abstand besteht. Das Licht erreicht unser Auge schneller als der Schall unser Ohr. Schall pflanzt sich mit einer bestimmten

Geschwindigkeit fort, die in Luft (in Meereshöhe) ungefähr 340 m/sec beträgt. Ein Geräusch, das in 340 m Entfernung entsteht, braucht also 1 Sekunde, um unser Ohr zu erreichen.

Lichtwellen hingegen pflanzen sich mit der fast unglaublichen Geschwindigkeit von 300 000 km/sec fort. Folglich scheint alles auf der Erde, was wir überhaupt sehen können, im selben Augenblick zu passieren, in dem wir es sehen. Das Licht eines Blitzes in vielen Kilometern Entfernung erreicht unser Auge im Bruchteil einer Sekunde, so daß die Fortpflanzungsverzögerung vernachlässigbar klein ist. Ganz anders ist es dagegen mit dem vom Blitz verursachten Donner. Es können einige Sekunden vergehen, bis uns der Schall mit seiner Geschwindigkeit von 340 m/sec erreicht. Dieses Verhältnis von extrem großer Fortpflanzungsgeschwindigkeit des Lichtblitzes und der wesentlich geringeren Schallgeschwindigkeit des Donners ermöglicht es uns, die Entfernung eines Gewitters zu berechnen. Wenn der Abstand zwischen dem Sehen des Blitzes und dem Hören des Donners länger als 3 Sekunden ist, wissen wir, daß das Gewitter mehr als einen Kilometer entfernt ist.

Beide Wellentypen sind zur Nachrichtenübermittlung benutzt worden; vom Standpunkt der Wellengeschwindigkeit aus stellt natürlich die Übermittlung durch Lichtzeichen (z. B. durch Ablenken des Sonnenlichts mit Hilfe eines Spiegels in die Richtung eines Empfängers) einen wesentlich schnelleren Weg dar als die Benutzung von Schallwellen (z. B. mit Trommeln oder anderen akustischen Signalisierungsmethoden).

Wellenlänge

Große Unterschiede zwischen Licht- und Schallwellen finden wir auch bei der Betrachtung der Wellenlängen. Die Schallwellen innerhalb unseres Hörbereichs schwanken zwischen 2 cm bei den höchsten und 1700 cm bei den tiefsten hörbaren Tönen. Die elektromagnetischen Wellen innerhalb des Sehbereichs (d. h. im sichtbaren Bereich des elektromagnetischen Spektrums) haben Wellenlängen zwischen 0,4 μm (Mikrometer) auf der violetten Seite und 0,8 μm auf der roten Seite.

Die begrenzten Wahrnehmungsorgane des Menschen verhindern ein Sehen und Hören über diese angegebenen Grenzen hinaus. Aus Messungen wissen wir jedoch, daß es Licht- und Schallwellen gibt, die weit über diese angegebenen Maße hinausgehen. Wir unterscheiden drei Arten von Schallwellen: 1. Infraschall, d. h. unter dem hörbaren Bereich, 2. Schall (hörbar) und 3. Ultraschall (über dem hörbaren Bereich).

Bei den elektromagnetischen Wellen unterscheiden wir verschiedene Arten: 1. Radiowellen, 2. Infrarotlicht, 3. sichtbares Licht, 4. ultraviolettes Licht, 5. Röntgenstrahlen und 6. Gammastrahlen. Die Radiowellen haben die größte Wellenlänge; die kleinsten dieser Kategorie, Mikrowellen genannt, gehen über in die längsten Infrarotwellen. Gleichermaßen verschmelzen die kürzesten Infrarotwellen mit dem sichtbaren Rotlicht; die kürzesten sichtbaren violetten Wellen mit den längsten ultravioletten Wellen usw. Der sichtbare Bereich geht von Rot über Orange, Gelb, Grün, Blau bis Violett; danach beginnt der ultraviolette, nichtsichtbare Bereich. Jenseits vom Ultraviolett folgt der Röntgenstrahlbereich, der in den Gammastrahlbereich mit den kürzesten Wellenlängen übergeht.

Frequenz

Wenn wir die Wellengeschwindigkeit (ausgedrückt in Meter pro Sekunde) durch die Wellenlänge (ausgedrückt in Metern) teilen, kürzt sich der Term Meter heraus, und das Ergebnis wäre „etwa pro Sekunde". Wir nennen dieses Ergebnis die „Frequenz", eine Größe, die angibt, wie oft neue Wellenberge eine bestimmte Stelle passieren. Wir bezeichnen sie mit „Schwingungen pro Sekunde" oder „Hertz".

Wir können statt „Geschwindigkeit geteilt durch Wellenlänge gleich Frequenz" auch schreiben:

$$\text{Frequenz} \cdot \text{Wellenlänge} = \text{Geschwindigkeit} \qquad (1)$$

Diese Gleichung besagt, daß bei konstanter Geschwindigkeit (340 m/sec für Schall, 300000 km/sec für Licht- oder andere elektromagnetische Wellen) Wellen mit kurzer Wellenlänge hohe Frequenzen, Wellen mit langer Wellenlänge dagegen niedrige Frequenzen haben. Da die Geschwindigkeit bekannt ist, können wir jederzeit an der Gleichung (1) die erforderliche Frequenz zur Erzeugung bestimmter Wellenlängen oder umgekehrt die nötige

Wellenlänge für bestimmte Frequenzen berechnen. So muß z. B. eine Schallwelle mit der Wellenlänge 10 cm eine Frequenz von 3400 Hz haben, eine elektromagnetische Welle von 1 km Wellenlänge muß eine Frequenz von 300 000 Hz haben (= 300 kHz (Kilohertz)).

Wir wollen als Beispiel unter Verwendung der genannten Wellenlängengrenzen die Frequenzen der Schallwellen, die wir hören, und der elektromagnetischen Wellen, die wir sehen können, wählen. Für Frequenz steht das Zeichen f. Eine Schallwelle von 2 cm Wellenlänge würde die Frequenz

$$f = \frac{34000 \text{ cm/s}}{2 \text{ cm}} = 17\,000 \text{ Hz} = 17 \text{ kHz (Kilohertz)}$$

haben.

Manche Menschen und die meisten Tiere können noch höhere Frequenzen hören; bei älteren Menschen dagegen liegt die Hörgrenze schon bei niedrigeren Frequenzen.

Eine 15 m lange Schallwelle hat die Frequenz

$$f = \frac{340 \text{ m/s}}{15 \text{ m}} = 22,6 \text{ Hz}$$

Es gibt Orgelpfeifen, die sogar Schwingungen von nur 16 Hz erzeugen, wobei man dann darüber streiten kann, ob wir diese tiefen Schallfrequenzen wirklich *hören* — oder mehr *fühlen*.

Wir stellten fest, daß das violette Licht eine Wellenlänge von 0,4 μm hat. Die Frequenz dieses violetten Lichts ist also

$$f = \frac{300\,000\,000 \text{ m/s}}{0,4/1\,000\,000 \text{ m}} = 750\,000\,000\,000\,000 \frac{\text{Schwingungen}}{\text{Sekunde}}$$

oder $\qquad\qquad f = 7,5 \cdot 10^{14} \text{ Hz}$[1]

Rotes Licht hat die Frequenz

$$f = \frac{300\,000\,000 \text{ m/s}}{0,8/1\,000\,000 \text{ m}} = 3,75 \cdot 10^{14} \text{ Hz}$$

[1] Die Exponentialform 10^{14} ist kürzer als eine 1 mit einer Folge von 14 Nullen. 10^{-14} ist das Inverse oder $1/10^{14}$. Diese Bezeichnung hat sich bei sehr großen und sehr kleinen Zahlen als sehr praktisch in der Wissenschaft herausgestellt.

Die Beziehung (1) gibt uns darüber Aufschluß, wie Linsen konstruiert werden könnten, die sowohl Schall- als auch elektromagnetische Wellen bündeln. Solche Linsen werden zwar später noch ausführlich behandelt, jedoch lohnt eine kurze Erwägung

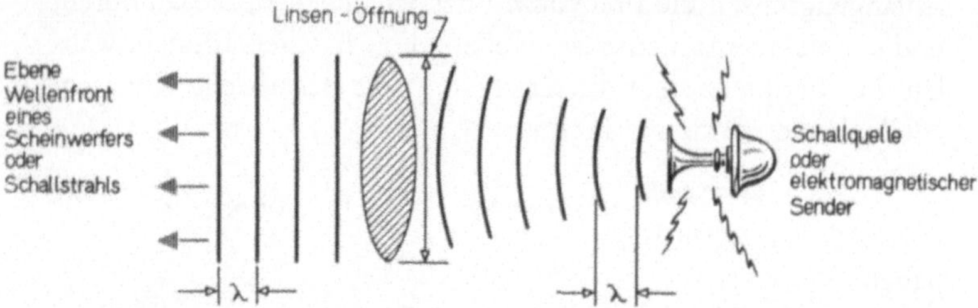

Abb. 2. Eine Linse mit einer gegebenen Öffnung, gemessen in Wellenlängen, erzeugt den gleichen Strahl bei Schall- oder elektromagnetischer Energie

der Möglichkeiten. Zunächst wird festgestellt, daß die Bündelungsfähigkeit einer Linse durch ihre Größe, gemessen in Wellenlängen, bestimmt wird. So ist ein 5-m-Teleskop für Lichtwellen natürlich leistungsfähiger als ein 2,5-m-Teleskop. Es gibt eine Linse mit einem Durchmesser, der einer bestimmten Zahl von Wellenlängen entspricht, die den gleichen gebündelten Strahlengang für Schall- oder auch elektromagnetische Wellen erzeugt, wie Abb. 2 zeigt.

Die Voraussetzung dafür, daß *eine* Linse sich bei Schallwellen und bei elektromagnetischen Wellen gleich verhält, ist natürlich, daß ihre Wellen*längen* identisch sein müssen. Gibt es nun einen Abschnitt in beiden Spektren, in dem diese Bedingung erfüllt wird?

Es gibt tatsächlich sogar mehrere Abschnitte, aber einer ist vom praktischen Standpunkt aus besonders wichtig: Das Gebiet der Wellenlängen von 2,5 cm bis 7,5 cm. In der Akustik umfaßt es den Bereich zwischen 4500 Hz und 13 600 Hz, der für Hi-Fi-Freunde von Interesse ist. Bei den elektromagnetischen Wellen ist dies der wichtigste Teil des Mikrowellen-Spektrums, der für Telefon, Fernsehen, Radar und Satellitenverkehr von großer Bedeutung ist. Dieselbe Linse könnte, wenn sie für beide Wellentypen wirksam wäre, austauschbar (oder simultan) für beide Anwendungsbereiche verwendet werden. Als Übung wollen wir den Unterschied in der Frequenz zwischen einer Schallwelle und einer elektromagnetischen Welle von je 2,5 cm Wellenlänge berechnen. Nach der Gleichung (1) erhalten wir für Schallwellen

$$f = \frac{34\,000 \text{ cm/sec}}{2,5 \text{ cm}} = 13\,600\,\text{Hz}$$

Für Lichtwellen ist

$$f = \frac{30\,000\,000\,000 \text{ cm/sec}}{2,5 \text{ cm}} = 12\,000\,000\,000\,\text{Hz} = 12\,\text{GHz}^2$$

Der große Unterschied in der Frequenz der zwei Wellenarten kombiniert mit dem großen Unterschied der Geschwindigkeiten bewirkt nach Gl. (1), daß die Wellenlängen dieselben sind. Es ist für die doppelte Anwendungsmöglichkeit einer Linse günstig, daß die Bündelung von der *Wellenlänge* und nicht von der Geschwindigkeit oder Frequenz abhängig ist.

Longitudinal-(Druck-)Wellen

Wir wollen nun verschiedene Arten der Wellenbewegung betrachten. Abb. 3 zeigt eine lange Spiralfeder in einer Aufhängung.

Wenn wir einige Windungen an einem Ende zusammendrücken und dann plötzlich loslassen, wird der so entstandene Impuls von diesem Ende zum anderen und wieder zurück einige Male hin und her schwingen, bis er schließlich ausläuft. Mit der nötigen Vorsicht können wir erreichen, daß sich der Impuls ohne vertikale oder seitliche Abweichung von der Achse der Feder fortpflanzt, also eine reine *longitudinale* Bewegung darstellt.

Da sich tatsächlich diese Bewegung als Schwingung im Zusammendrücken der Windungen bemerkbar macht, werden solche Longitudinalwellen auch Druckwellen genannt. In der Abb. 4 sehen wir oben eine Momentaufnahme der sich bewegenden Schwingung mit dem zusammengedrückten und dem entspannten

---

[2] Die Frequenzeinheiten bei hohen Frequenzen heißen: 1000 Hz = 1 kHz (Kilohertz); 1 000 000 Hz = 1 MHz (Megahertz); 1 000 000 000 Hz = 1 GHz (Gigahertz).

Teil der Spiralfeder. Darunter ist der unterschiedliche Grad des Drucks aufgezeichnet (die „Dichte" der Windungen pro Längeneinheit). Diese Kurve zeigt, daß die Druckwelle, ähnlich den früher behandelten Wasserwellen, ebenfalls einen wellenähnlichen Charakter aufweist.

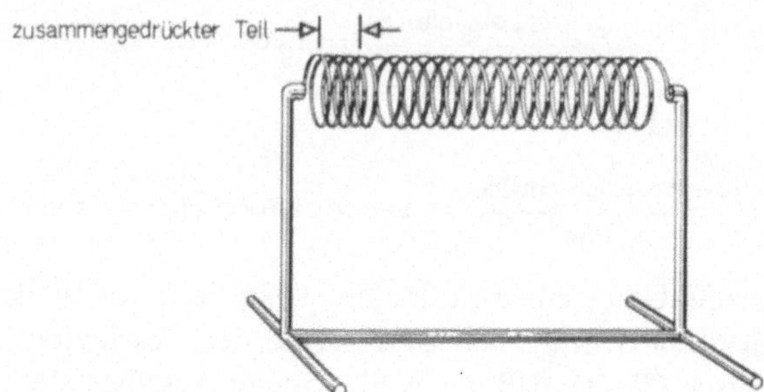

Abb. 3. Wenn einige Windungen einer langen Spiralfeder zusammengedrückt und dann losgelassen werden, pflanzt sich der so entstandene Impuls entlang der Achse der Feder in Form einer Longitudinal- oder Druckwelle fort

Schallwellen sind Druckwellen. Wenn wir auf eine Kesselpauke hauen, drücken wir die gespannte Haut für einen Moment nach innen. Diese Bewegung der Haut erfolgt so schnell, daß die Luft über der Trommel der Abwärtsbewegung nicht folgen kann, so

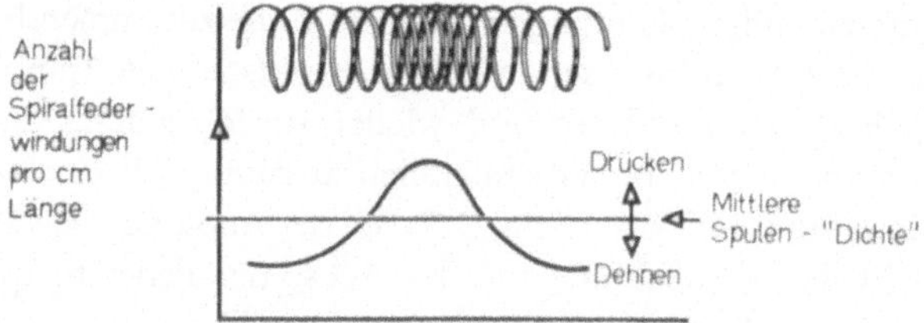

Abb. 4. Oben: Momentaufnahme der Druckwelle an der Feder von Abb. 3. Unten: Die Ähnlichkeit dieser Druckwelle mit einer Wasserwelle zeigt sich, wenn man die Anzahl der Windungen über der Länge aufzeichnet

daß in der unmittelbaren Umgebung der Oberfläche ein Teilvakuum entsteht, das dem zusammengedrückten Teil der Spiralfeder in Abb. 3 entspricht. Die Luft reagiert auf diese Störung genau wie die Feder: der Bereich geringerer Luftdichte pflanzt sich von der Pauke weg fort in der gleichen Weise wie die höhere

‚Spiraldichte“ sich entlang der Spiralfeder bewegt. Wie die Feder verschiedene Spiraldichten aufweist, die größer oder kleiner
als das Mittel sind, erfährt auch die Luft verschiedene Dichtegrade.

Abb. 5 zeigt diesen Effekt. Wie ein Stein auf einem Teich eine
kleine Wellengruppe (einen Wellen-„Zug“) auslöst, erzeugt die

Abb. 5. Momentaufnahme der Luftdichte, hervorgerufen durch die Druckschallwellen einer Kesselpauke

vibrierende Haut der Kesselpauke eine Gruppe von Schallwellen,
die auf ihrem Weg von der Pauke weg Zonen mit niedrigerer und
höherer Luftdichte erzeugen. Abb. 5 zeigt die verschiedene Luftdichte durch die Konzentration der kleinen Punkte an. Da der
Schall von der Pauke sich in alle Richtungen ausbreitet, bilden
diese hohen und niedrigen Dichtezonen konzentrische Kugeln
mit der Pauke als gemeinsamen Mittelpunkt. Diese kugelförmige
Fortpflanzung ist eine Folge der Tatsache, daß Schallwellen dreidimensional sind, während die Wellen auf der Spiralfeder eindimensional und Wasserwellen zweidimensional sind.

Transversalwellen

Jeder hat wohl schon versucht, das Ende eines Taues auf und
ab zu bewegen, um so Wellen zu erzeugen (Abb. 6). Eine solche
Welle pflanzt sich schnell fort. Der gleiche Effekt wird mit einem

langen, am Boden liegenden Gartenschlauch erzeugt, der durch
einen plötzlichen schnellen Ruck in eine sichtbare Schwingung
über die ganze Länge des Schlauches versetzt wird. Abb. 6 zeigt,
daß die Welle in jedem Punkt des Taues eine Auf- und Abbewegung erzeugt, die senkrecht zur Linie des Taues verläuft. Im
Gegensatz zu der longitudinalen Bewegung der Spiralfeder han-
delt es sich hier um *transversale* Wellen. In diesem genannten Fall

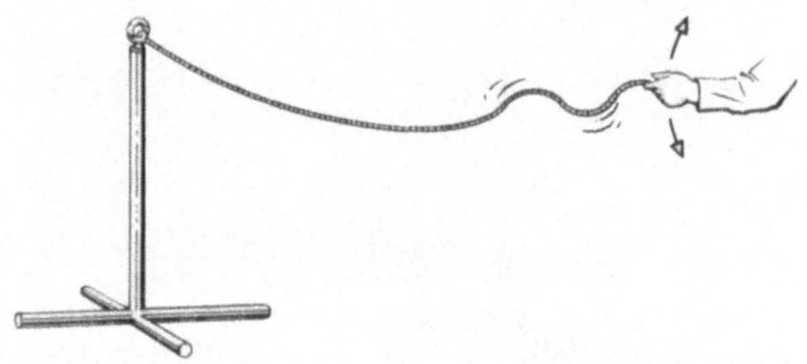

Abb. 6. Transversalwellen auf einer gespannten Wäscheleine, die durch schnelle
Auf- und Abbewegungen an einem Ende verursacht worden sind

liegt die transversale Bewegung in der vertikalen Ebene. Durch
eine seitliche auslösende Bewegung könnte man die transversale
Bewegung des Taues auch in eine horizontale Ebene verlagern.
In beiden Fällen bezeichnen wir die Wellen als eben polarisiert
(oder *linear polarisiert*), da die Bewegungen jeweils in nur einer
Ebene erfolgen. Die Wellen im Beispiel 1 (Abb. 6) wären dann
vertikal polarisiert, und die seitlichen Wellen wären *horizontal polarisiert*. Der Allgemeinbegriff heißt *Polarisation*.

Wenn wir das Ende des Taues in Abb. 6 in eine kreisförmige
Bewegung versetzen, beobachten wir eine spiralförmige Bewegung, die am Tau entlangläuft. Der Schatten dieser Welle auf
einer senkrechten Wand gleicht der o. g. vertikal polarisierten
Welle, auf dem Boden dagegen scheint der Schatten einer horizontal polarisierten Welle zu gleichen.

Mit anderen Worten: Die spiralförmige Welle stellt eine Kombination zweier linear polarisierter Wellen dar. Ebenso kann man
die spiralförmige Welle eine linear polarisierte Welle nennen,
deren Polarisationsebene mit der sich fortbewegenden Welle ständig *rotiert* und deshalb auch *zirkular polarisierte* Welle heißt.

Elektromagnetische Wellen sind Transversalwellen. Sie können durch den schnellen Richtungswechsel des elektrischen Stromflusses in einem Leitungsdraht erzeugt werden. Der hohe Sendeturm einer Radiostation stellt einen solchen Draht dar, und wenn ein schnell seine Richtung wechselnder Strom in einen solchen Turm fließt, werden elektromagnetische Wellen in alle Himmelsrichtungen ausgestrahlt. Da der Turm vertikal steht, sind diese Wellen vertikal polarisiert. Für die Fernsehübertragungen werden Radiowellen kürzerer Wellenlänge benutzt. In den USA und Deutschland wird dafür horizontal polarisierten Wellen der Vorzug gegeben. Die Fernsehempfangsantennen bestehen deshalb aus horizontalen Stäben, die wegen der kurzen Wellenlänge auch nur 0,5—1,5 m lang sein müssen. In England dagegen bevorzugte man die vertikale Polarisation, weshalb dort die Antennenwälder auf den Dächern auch vertikal ausgerichtet sind.

Polarisation des Lichts

Lichtwellen sind elektromagnetische Wellen und deshalb ebenfalls polarisiert. Sie werden gleichfalls elektrisch erzeugt, normalerweise durch die schnelle Auf- und Ab- oder seitliche Bewegung einer Unzahl elektrisch geladener Teilchen, genannt Elektronen. Da diese Elektronen sich in jede beliebige Richtung bewegen können, sind die Lichtwellen aller Lichtquellen *willkürlich* polarisiert. Polarisiertes Licht kann aber leicht erzeugt werden, indem alle Wellen herausgefiltert werden mit Ausnahme derjenigen, die in einer bestimmten Ebene polarisiert sind. Es gibt z. B. eine Methode, das Licht durch eine Polaroidplatte zu schicken, die alle Wellen absorbiert außer den Wellen, die in einer bestimmten Ebene polarisiert sind.

Da unser Auge die Richtung von polarisierten Lichtwellen nicht erfassen kann, ist es schwierig, die Polarisationseigenschaften des Lichts visuell zu demonstrieren. Wenn wir durch zwei aufeinanderliegende Polaroidplatten sehen, können wir feststellen, wie sich das Licht verhält. Sind beide Platten gleich ausgerichtet, d. h. lassen beide nur Wellen der gleichen bestimmten Polarisation durch, sehen wir klar durch beide hindurch. Drehen wir dann eine Platte um 90°, so stellen wir fest, daß sie undurchsichtig geworden sind. Die erste Platte hat die Wellen einer

Polarisation durchgelassen, die zweite jedoch hat dann diese Wellen absorbiert.

Wenn beliebig polarisiertes Sonnenlicht schräg auf eine Wasseroberfläche trifft, wird ein Großteil des vertikal polarisierten Lichts absorbiert, während die horizontal polarisierten Wellen fast vollständig reflektiert werden. Das *reflektierte* Licht ist deshalb streng horizontal polarisiert. Die Wirkung von Polaroid-Sonnenbrillen besteht darin, das horizontal polarisierte Licht zu absorbieren und so das Blenden der Wasseroberfläche erheblich zu mildern.

Kapitel 2

Die Eigenschaften von Schall- und Lichtwellen

Wir haben im ersten Kapitel einige Eigenschaften der Wellenbewegung behandelt und sie in Beziehung zu Schall und Licht gesetzt; dennoch müssen wir noch beweisen, daß Schall und Licht sich wirklich als Wellen ausbreiten. Es gilt also, eine überzeugende visuelle Darstellung zu finden, um zu demonstrieren, daß Schall und Licht wirklich Wellen sind.

Die Schwierigkeit liegt darin, daß Schall unsichtbar ist und Licht, obwohl sichtbar, aus so hohen Frequenzen besteht, daß unser Auge der Wellenbewegung nicht zu folgen vermag. Beginnen wir daher mit dem Versuch, zunächst auch Wasserwellen nachzuweisen.

Darstellung von Wasserwellen

Als Ausgangssituation brauchen wir die Möglichkeit, kontinuierlich Wasserwellen, z.B. auf einem großen Teich, zu erzeugen. Der Stein aus Abb. 1 verursachte zwar einige Wellen, aber nicht genug, um sie genau zu betrachten. Abb. 7 stellt einen Querschnitt durch eine Teichoberfläche dar und zeigt einen geeigneten Versuchsaufbau. Durch mechanischen Antrieb bewegt sich ein Kolben kontinuierlich auf und ab. Dieser erzeugt so für unbegrenzte Zeit Wasserwellen mit konstanter Amplitude (Höhe). In einiger Entfernung schwimmt (rechts im Bild) ein Korkschwimmer auf der Oberfläche. Wenn die Welle den Korken erreicht, bewegt er sich synchron mit dem wellenerzeugenden Antrieb auf und ab.

Die Bewegung dieses Schwimmers zeigt also deutlich eine Störung der ursprünglich ruhigen Wasseroberfläche an. Die Höhe der Bewegung läßt Rückschlüsse auf die Größe der Störung zu: Ist die Bewegung gering, muß auch die Störung gering sein; ist sie groß, ist die Störung groß.

Zur Verdeutlichung wollen wir an den Schwimmer einen Bleistift montieren (Abb. 8) und senkrecht zur Wasseroberfläche ein

Papier befestigen, so daß der Stift darauf Markierungen aufzeichnet, wenn der Schwimmer sich hebt und senkt. Kleine Wellen
werden kurze, Wellen größerer Amplitude längere Zeichen auf
dem Papier hinterlassen.

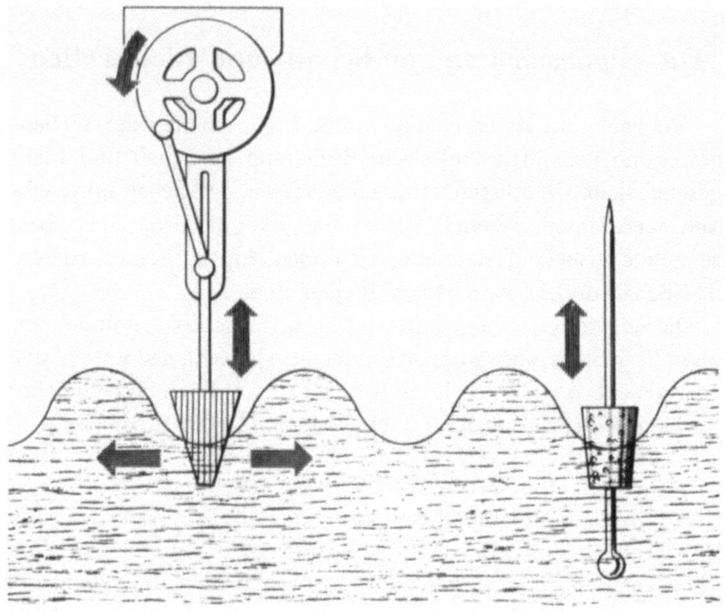

Abb. 7. Ein Tauchkolben erzeugt kontinuierlich sich ausbreitende Wellen.
Die Bewegung eines Korkschwimmers zeigt das tatsächliche Vorhandensein
von Wellen sowie deren Höhe an

Im Prinzip haben wir damit einen, wenn auch schwerfälligen
und ziemlich unpraktischen Meßaufbau erstellt, der die Höhe der
Wasserauslenkung sichtbar macht. Schwimmer, die sich in großer
Entfernung von dem mechanischen Wellenerzeuger befinden,
zeigen durch ihre geringeren Bewegungen, daß Wasserwellen mit
der Entfernung auslaufen. Wenn wir die Aufzeichnungen vieler
Schwimmer an verschiedenen Stellen auf ein Diagramm übertragen, erhalten wir eine Art Übersichtskarte, die Angaben über
die Wellenamplituden auf dem ganzen Teich macht.

Dennoch sagen weder unsere hypothetische Karte noch das
Diagramm etwas über die *Wellen*natur der Wasserstörung aus.

Daher wollen wir nun versuchen darzustellen, wie sich zwei benachbarte Korkschwimmer in Beziehung zu dem mechanischen Wellenerzeuger bewegen. Abb. 9 zeigt, daß sich beide auf und ab

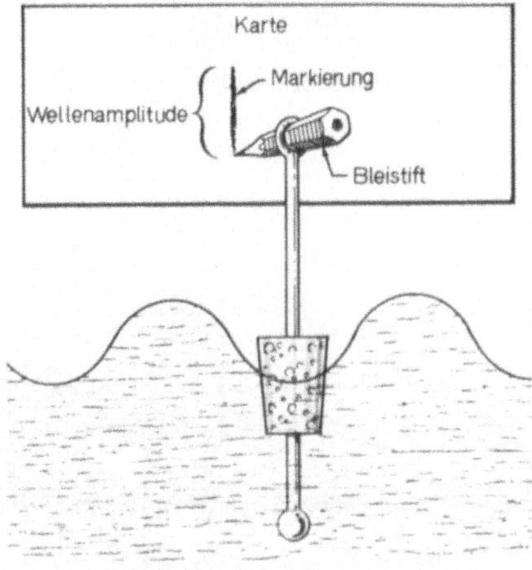

Abb. 8. Ein an einem Schwimmer befestigter Bleistift zeichnet die Wellenamplitude auf einem Papier auf

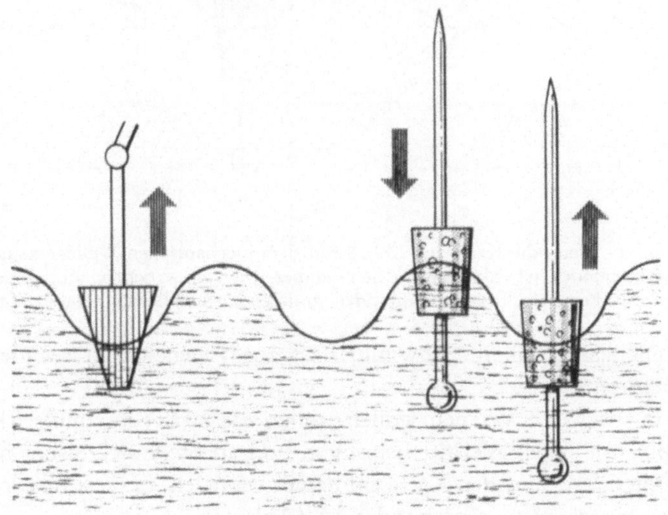

Abb. 9. An gewissen Stellen des Teiches hebt sich ein schwimmendes Objekt, wenn der mechanisch angetriebene Tauchkolben sich hebt. An anderen Stellen verhält es sich umgekehrt

15

bewegen. Der eine hebt sich aber, wenn der Tauchkolben sich auch hebt, während der andere, der eine halbe Wellenlänge entfernt ist, sich senkt.

Abb. 9 zeigt einen Augenblick der Wellenbewegung. Der Tauchkolben links befindet sich am tiefsten Punkt seines Anschlags, ebenso der entferntere Schwimmer. Der um eine halbe

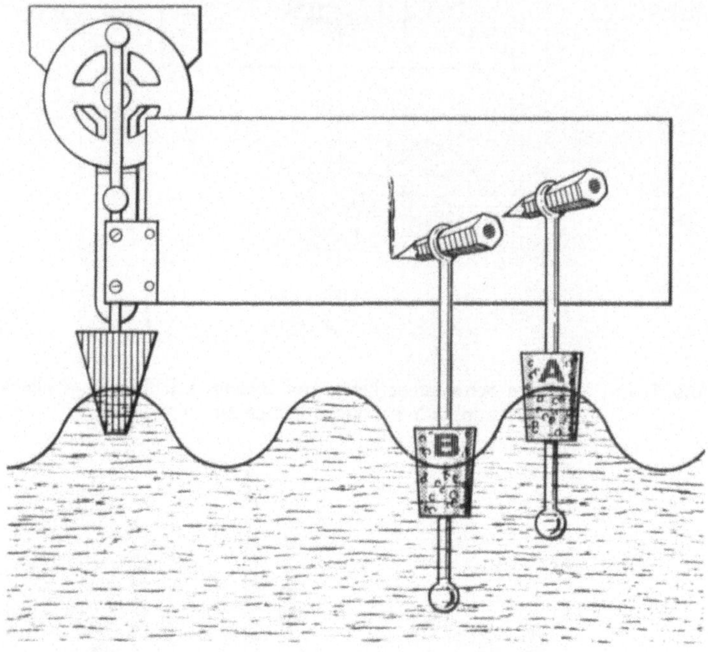

Abb. 10. Wenn die Karte aus Abb. 8 mit dem mechanischen Wellenerzeuger fest verbunden ist, hinterlassen Schwimmer, die sich synchron mit diesem bewegen, keine Markierung, während die anderen die Amplitudenhöhe anzeigen

Wellenlänge nähere Schwimmer ist zur gleichen Zeit auf dem höchsten Punkt.

Im nächsten Versuch wollen wir an die zwei Schwimmer der Abb. 9 je einen Bleistift befestigen und an Stelle der bisher benutzten feststehenden Karte ein Papier benutzen, das fest mit dem Tauchmechanismus verbunden ist (Abb. 10).

Während sich der Stift an dem Schwimmer A auf und ab bewegt, macht die Karte die gleiche Bewegung mit, so daß der Stift A

16

keine Markierung auf der Karte hinterläßt. Schwimmer B dagegen senkt sich, wenn die Karte sich hebt, und umgekehrt. Der
Stift B hinterläßt also einen langen Strich auf der Karte. Wenn wir

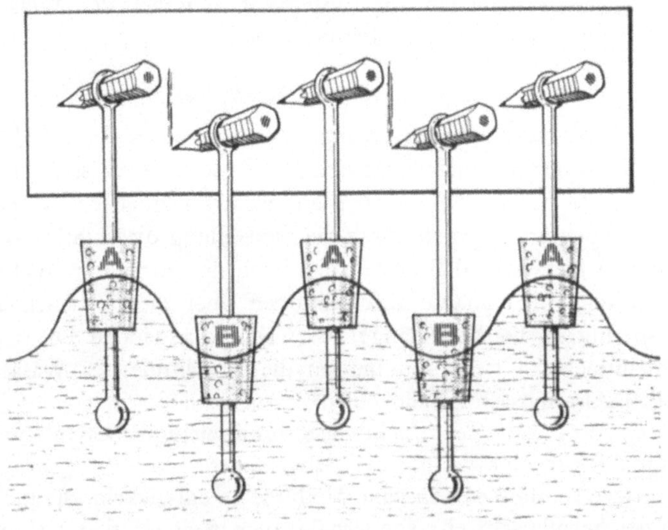

Abb. 11. Wenn eine Vielzahl von Schwimmern und Stiften im gleichen Aufbau wie in Abb. 10 benutzt werden, entstehen aufeinanderfolgende Punkte
von o-Amplituden (Punkte A) und Maximum-Amplituden (Punkte B)

die Zahl der Schwimmer von zwei auf fünf erhöhen, entstehen
Markierungen wie in Abb. 11. Eine noch größere Anzahl Schwimmer zeichnet ein Bild wie in Abb. 12.

In Abb. 12 nimmt der Umriß der Wasserwelle langsam Gestalt
an. Es ist uns gelungen, mit der sich bewegenden Karte und den

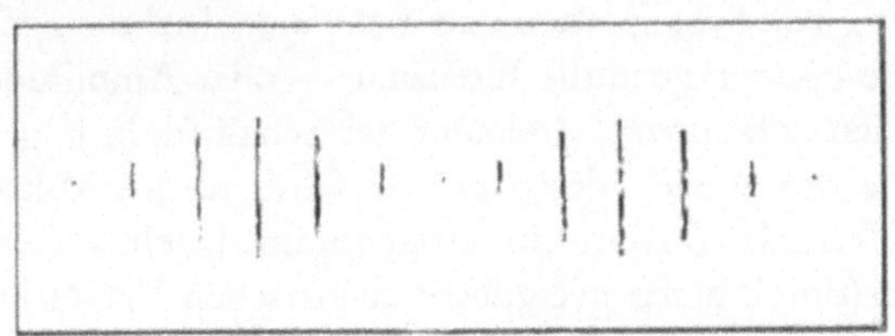

Abb. 12. Eine große Anzahl Schwimmer im Versuchsaufbau von Abb. 10 kann
ein hier abgebildetes Wellenbild zeichnen, das genaue Messungen der Wellenlängen erlaubt

Schwimmern mit den Schreibern ein getreues Abbild der Wasserwelle zu zeichnen. Das Bild ist ein überzeugender Beweis für die Existenz von Wellen auf der Wasseroberfläche und ermöglicht es uns, die Wellenlänge (die Entfernung zwischen den Wellenbergen und zwischen den Tälern) zu messen.

Sichtbarmachung der Schallwellen

Vielleicht ist es möglich, analog zu unserer Methode, mit Hilfe von Schwimmern und Schreibern Umrisse von Wasserwellen aufzuzeichnen, auch Schallwellen und elektromagnetische Wellen zu demonstrieren, um so durch die Darstellung dieser Störungstypen zu beweisen, daß beide tatsächlich die Form von Wellen aufweisen. Auch andere Informationen über die Welleneigenschaften (z. B. die Wellenlänge) lassen sich so gewinnen. Die o. g. Schwimmer ermitteln und messen die Amplitude der Wasserwellen. Also müssen wir nun einen Versuchsaufbau finden, der die Stärke von Schall- oder Lichtwellen ermittelt und messen kann. Beginnen wir zunächst mit den Schallwellen.

Unser Ziel muß es sein, eine Methode zu entwickeln, die nicht nur den Schall nachweist, sondern ihn auch in ein sichtbares Signal umsetzt. Wir wandelten die Bewegung der Wasserwellen in Bleistiftstriche auf den Karten um, die dann ein Bild der Wellen und ihrer Größe ergaben. Bei den Schallwellen schließt die Schnelligkeit der Schwingungen jedoch jede mechanische Methode aus. Es gibt aber die Möglichkeit, Schallsignale mit Hilfe eines Mikrofons in elektrische Signale umzuwandeln, wobei der wechselnde Schalldruck in wechselnden elektrischen Strom umgeformt wird. Mikrofone werden hauptsächlich für Radio- und Fernsehübertragungen, zur Übermittlung von Telefongesprächen sowie zur Herstellung von Schallplatten und Tonbandaufnahmen gebraucht. Mikrofone können auch die Intensität — oder Amplitude — der Schallwellen „erkennen". Je lauter der Schall (d. h. je größer die Amplitude der Welle), desto größer wird der im Mikrofon erzeugte elektrische Strom sein. Angenommen, wir verbinden ein Mikrofon (durch einen geeigneten elektrischen Verstärker) nicht mit einem Telefon oder Plattenspieler, sondern mit einer Lampe, wobei eine Neonlampe wegen ihres schnelleren Ansprechens im Vergleich zu einer Glühlampe am besten geeignet ist. Die Hellig-

keit der Neonlampe ist ein Maßstab für die Lautstärke des am
Mikrofon empfangenen Schalls (Abb. 13). Diese entspricht der
Länge der Markierungen der Bleistift-Schwimmer auf den Karten.
Beides sind Größenmessungen der beobachteten Wellen.

Abb. 13. Ein Mikrofon, das Schallsignale in elektrische Singnale umwandelt,
gibt in Verbindung mit einem Verstärker und einer Lampe ein sichtbares
Bild der Schallintensität. Oben: Lauter Schall (großes elektrisches Signal)
erzeugt helles Licht. Unten: Leiserer Schall erzeugt schwächeres Licht

Wir wollen versuchen, mit dieser Technik ein spezielles Schallwellenbild — nämlich das eines Jagdhorns — sichtbar zu machen.
Entsprechend der Vielzahl von Schwimmern könnten wir zur
Herstellung des Bildes eine große Anzahl Mikrofone, jedes mit
eigenem Verstärker und eigener Lampe, benutzen. Abb. 14 zeigt
drei Beispiele, die ein Lichtmuster erzeugen, ähnlich den zahlreichen Markierungen der Bleistifte an den Schwimmern.

Eine einfachere Methode wird jedoch in Abb. 15 gezeigt. Man
benötigt dazu nur ein Mikrofon, einen Verstärker und eine mit
dem Mikrofon verbundene Lampe. Die Mikrofon-Lampe-Kombination kann in dem Schallfeld, das von dem Trichterlautsprecher
erzeugt wird, hin und her bewegt werden. Das Licht wird hell an

Stellen, wo der Schall laut ist, und schwach, wo der Schall leise ist.
Das Schallfeld kann konstant gehalten werden (entsprechend dem
konstanten Feld der Wasserwellen, das durch den mechanischen

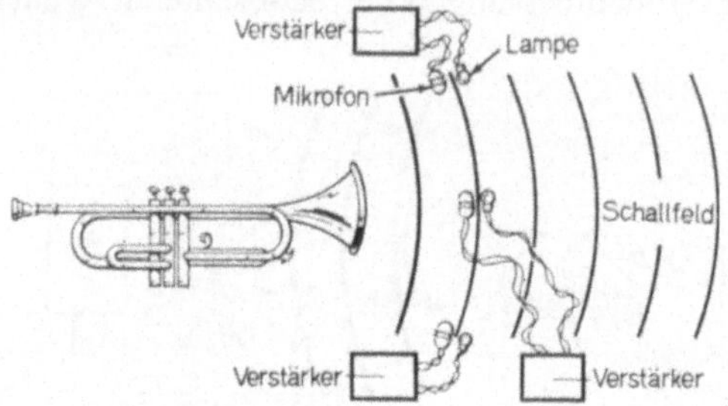

Abb. 14. Eine große Anzahl Mikrofon-Lampe-Kombinationen (drei sind nur
gezeigt) könnten ein Abbild der Schallintensität in einem bestimmten Raum
darstellen

Tauchkolben erzeugt wird), indem man den Trichterlautsprecher
mit einem elektrischen Oszillator verbindet, der ein konstantes
elektrisches Signal erzeugt. Das Experiment wird im Dunklen
ausgeführt. Eine Kamera mit Dauerbelichtung (der Verschluß
bleibt offen) zielt auf den zu erforschenden Abschnitt des Schall-

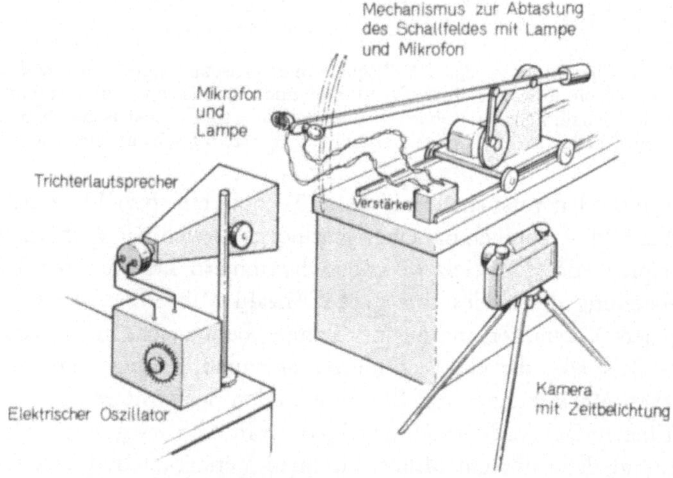

Abb. 15. Eine einzelne Mikrofon-Licht-Kombination tastet ein Gebiet des
Schallfeldes ab und die Kamera hält das Raumbild der Schallintensität, die
von einem Trichterlautsprecher erzeugt wird, auf dem Film fest

feldes. Wenn das Mikrofon zusammen mit der Lampe auf und ab und hin und her schwenkt, so daß schließlich alle interessanten Punkte des Schallfeldes erfaßt werden, zeigt das Kamerabild die Gebiete lauten Schalls als helle Fläche, die schwächeren Schalls als graue und die leisen Schalls als schwarze Fläche. Abb. 16 zeigt eine solche Schallfeldaufnahme in der Nähe der Öffnung eines

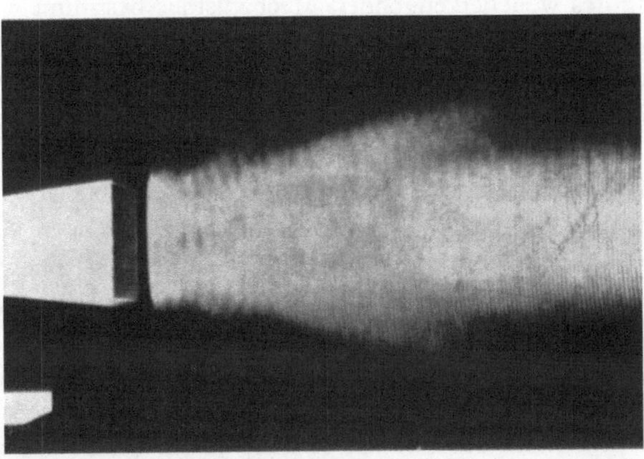

Abb. 16. Mit der Vorrichtung aus Abb. 15 können wir ein Bild der Schallintensität sichtbar machen, das von einem Pyramidenhornlautsprecher erzeugt wird (links). Der Trichter hat eine Öffnung von 15×15 cm², die ausgesendeten Schallwellen haben eine Frequenz von 9000 Hz ($\lambda = 3,77$ cm)

Trichterlautsprechers (nur der Ausgang des Trichters ist sichtbar). Wir stellen an Hand des Bildes fest, daß der Schall entlang der Achse des Trichters am stärksten ist; der Trichter hat den Schall „gerichtet", d. h. in einer bestimmten Richtung verstärkt.

Die Abb. 16 berechtigt uns zu der Annahme, daß die o.g. Methode geeignet ist, die Richtcharakteristik verschiedener akustischer Geräte zu erforschen; diese Möglichkeiten sollen später näher erläutert werden. Zunächst wollen wir jedoch unser Ziel weiter verfolgen, die Wellenform des Schalls sichtbar zu machen. Bisher haben wir einen Versuchsaufbau entwickelt, der es gestattet, die verschiedenen Lautstärkegrade eines Schallfeldes darzustellen.

Damit haben wir das Stadium erreicht, das wir mit der festmontierten Karte und den mit Bleistiften ausgestatteten Schwimmern in dem Wasserwellen-Experiment erzielt hatten. Zu diesem Zeitpunkt zeigte die Länge der Markierungen auf der Karte zwar die Amplitude der Wasserwellenstörung auf, die Wellennatur der Wasserwellen hingegen war noch nicht sichtbar. Deshalb müssen wir nun versuchen, für Schallwellen das nachzuahmen, was uns mit Hilfe der sich bewegenden Karte gelungen ist, nämlich einen Umriß der Wasserwelle aufzuzeichnen.

Wir erinnern uns, daß die Bewegung der Karte durch die Bewegung des wellenerzeugenden Mechanismus bestimmt war, genauer: mit dieser identisch war. Also müssen wir für die Schallwellen den schallerzeugenden Mechanismus benutzen. Da wir als Schallquelle einen Lautsprecher benutzen, müssen wir ihn mit einem elektrischen Signal speisen, das als elektrisches Gegenstück zu dem vom Lautsprecher erzeugten Schall ausgestrahlt wird.

Können wir ein elektrisches Eingangssignal erzeugen, das einfach und wellenförmig ist, vergleichbar der Auf- und Abbewegung des Tauchkolbens in dem Wasserwellen-Experiment? Die Rotation des Rades und der damit verbundenen Stange verursachten die Auf- und Abbewegung des Tauchkolbens, der die Wasserwellen erzeugte. Im elektrischen Fall benutzen wir das Auf und Ab des *elektrischen* Stroms, wie er beispielsweise von einem elektrischen „Oszillator" oder „Tongenerator" erzeugt wird. Diese Schwingung veranlaßt die Lautsprechermembran, vor- oder zurückzuschwingen und so *Schall*wellen zu erzeugen.

Es steht uns also ein Schallerzeuger zur Verfügung; aber wie wenden wir ihn an? Bei dem Wasserwellen-Experiment hinterließen die Schwimmer, die sich exakt synchron mit der Karte bewegten, nur sehr kleine Markierungen, während die entgegengesetzt schwingenden Korken große Striche zogen. Wenn wir das wellenförmige elektrische Signal, das wir in den Lautsprecher eingeben, mit dem elektrischen Signal, das vom Mikrofon aufgenommen wird, kombinieren, müßte es vergleichbare Schwankungen im Lichtstrom geben. Bei dem Wasserwellenbild gab es Gebiete, in denen die Wellenamplituden sich aufhoben und solche, in denen sie sich addierten. Wenn nun Schall auch ein Wellenphänomen ist, muß es zu gewissen Zeitpunkten in dem Schallfeld Gebiete geben, wo der Schalldruck über normal (positiv) ist und solche, wo er unter normal (negativ) ist. Gleichzeitig hat auch unser elektrisches Signal am Oszillator einen bestimmten Wert — nehmen wir an, es sei über normal (d. h. positiv).

Abb. 17 zeigt, was geschieht, wenn zwei Sinuswellen kombiniert werden. Wenn beide gleich schwingen (d. h. die Wellen sind phasengleich), gibt es eine *verstärkende Interferenz*, und das kombinierte Signal ist größer als jedes einzelne für sich. Wenn die

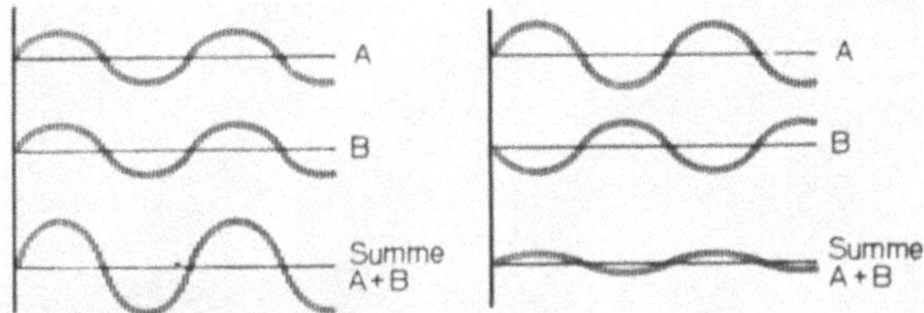

Abb. 17. Zwei Wellen gleicher Wellenlänge addieren sich (links), wenn sie phasengleich sind, und subtrahieren sich (rechts), wenn sie phasenverschoben sind

Sinuswellen jedoch gegeneinander schwingen (d. h. sie sind phasenverschoben), ergibt sich eine *vermindernde Interferenz*, und das kombinierte Signal ist kleiner als jedes einzelne für sich.

Ganz offensichtlich erfährt das Mikrofonsignal eine verstärkende oder vermindernde Interferenz, wenn es mit dem Generatorsignal

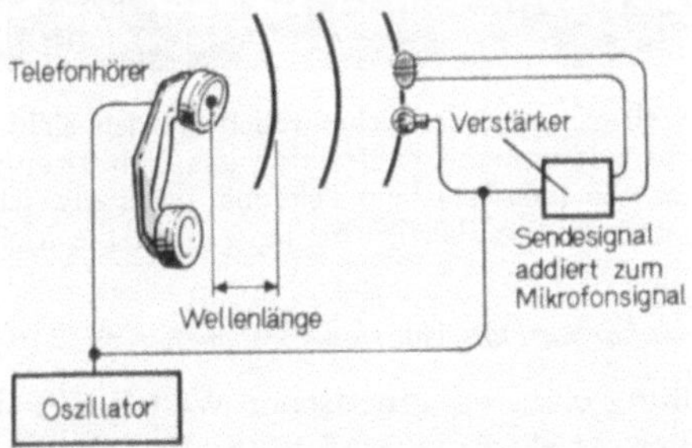

Abb. 18. Das Mikrofonsignal wird mit dem ursprünglichen Lautsprechersignal vereinigt. Je nach Stellung des Mikrofons im Vergleich zur Schallquelle ergibt sich eine Wellenaddition oder -subtraktion

vereinigt wird. An Punkten im Raum, die 1, 2, 3 etc. Wellenlängen vom Lautsprecher entfernt sind, addieren sich die Signale, und die Lichtquelle wird hell; an den Punkten, wo die Signale um eine halbe Wellenlänge gegeneinander verschoben sind, subtrahieren sich die Signale, und das Licht wird dunkel.

Abb. 18 skizziert die Schaltung dieser soeben beschriebenen
Methode. Abb. 19 ist eine Fotografie einer Schallwelle, die ein
Telefonhörer ausstrahlt. In der kreisförmigen Ausbreitung der
Schallwellen ist die Ähnlichkeit zu den Wasserwellen offenkundig.

Abb. 19. Die Wellenfronten der Schallwellen werden sichtbar, wenn die
Methode der Wellenaddition und -subtraktion aus Abb. 18 angewendet wird.
Bei einer Frequenz von 4000 Hz ist ein Telefonhörer relativ richtwirkungsfrei
(ungerichtet), und die Schallwellen breiten sich in alle Richtungen aus

Die Sichtbarmachung von elektromagnetischen Wellen

Die Darstellung elektromagnetischer Wellen läßt sich nach genau der gleichen Methode durchführen. Wie früher schon ausgeführt, sind sowohl Licht- als auch Radiowellen ihrer Natur nach
elektromagnetische Wellen. Die Technik zur Erzeugung *kohärenter*
Lichtwellen (d. h. kontinuierlicher Sinuswellen, vergleichbar den
Wasser- und Schallwellen) ist noch relativ neu und ziemlich auf-
wendig[1]. Wir werden deshalb für unser Experiment Radiowellen
benutzen.

---

[1] Der LASER (*Light Amplification by Stimulated Emission of Radiation*)
ist ein Mittel zur Erzeugung solcher in hohem Maße kohärenter Lichtwellen.

Abb. 20 zeigt, wie das Amplitudenschema elektromagnetischer
Wellen dargestellt werden kann. Wiederum übernimmt eine
Kamera die Dokumentation. Die Wellen sind sehr kurze Radiowellen, genannt Mikrowellen. Sie werden erzeugt von einer Radio-
röhre, genannt Klystron, das in schneller Folge (60mal pro Sekunde) an- und abgeschaltet wird.

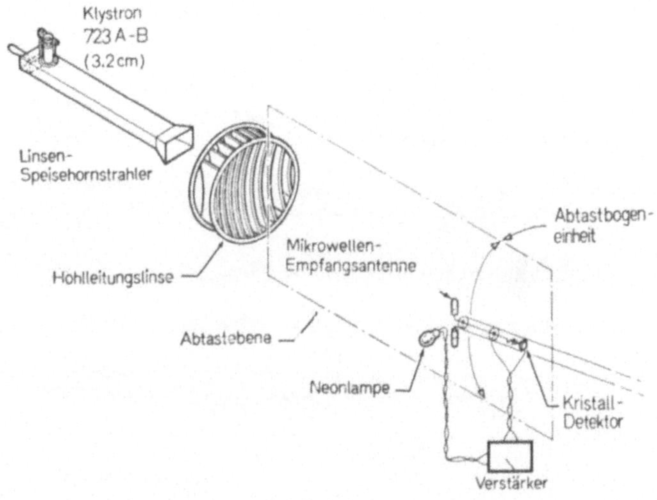

Abb. 20. Der Versuchsaufbau aus Abb. 15 zur Darstellung von Schallwellen-
bildern wiederholt sich hier für elektromagnetische Wellen. Der Lautsprecher
wurde durch einen Impuls-Klystron-Mikrowellensender, das Mikrofon durch
eine kleine Abtast-Mikrowellenantenne ersetzt

Die Mikrowellen werden durch eine rechteckige Metallröhre,
eine sog. Hohlleitung, zu einem kleinen Horn geleitet, wo sie dann
austreten. Die Abbildung zeigt eine seltsam anmutende „Linse".
Ihre Fähigkeit, Mikrowellen zu bündeln oder „zu richten", soll
zugleich mit dem Problem der Wellennatur elektromagnetischer
Strahlung untersucht werden.

Als Detektor und Meßinstrument benutzen wir eine kleine
Radioantenne, die aus zwei Stangen von je $\frac{1}{4}$ Wellenlänge besteht[2].

---

[2] Solche Antennen werden auch beim Fernsehen benutzt, wobei $\frac{1}{4}$ Wellenlänge 0,5—1 m bedeutet. Beachten Sie, daß dabei die Mikrowellen vertikal
polarisiert sind.

Den zwei Hälften der Antenne ist ein Gleichrichterkristall (Kristalldetektor) parallel geschaltet. Dieser Apparat *richtet* ein wellenförmiges Signal *gleich*, d. h. er wandelt es um in ein gleichförmiges Signal. Die 9 100 000 000 Wechsel pro Sekunde des Mikrowellensignals werden aussortiert, und nur der 60er Rhythmus des

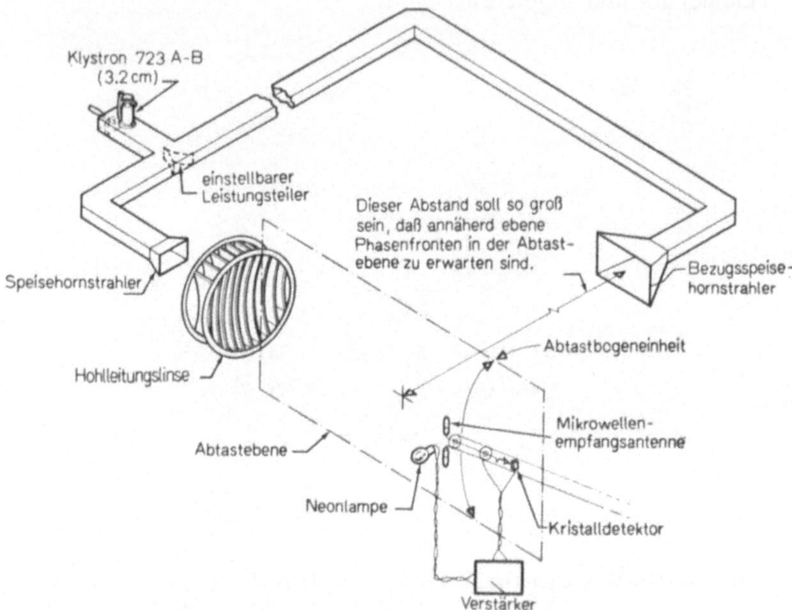

Abb. 21. An der Mikrowellenempfangsantenne erfolgt die Darstellung elektromagnetischer Wellenfronten durch ein Zusammenschalten des zu untersuchenden Signals mit dem Tastsignal, das eine konstante Sinusschwingung mit konstanter Amplitude hat und von einer Bezugshornantenne ausgestrahlt wird

An- und Abschaltens des Signals bleibt erhalten. Dieser 60er Rhythmus, der in dem gleichen Verstärker, den wir in dem Schallwellen-Experiment benutzten, verstärkt wird, bringt die Neonlampe zum Leuchten. Wie in unserem akustischen Versuch mit dem Trichter bestimmt auch hier die Intensität der Stärke des Mikrowellenfeldes den Helligkeitsgrad der Lampe. Abb. 22 zeigt einen Strahl, der von einer anderen seltsamen „Linse" erzeugt wird. Die Hohlleitungseinspeisung ist auf dem Bild nicht sichtbar, der helle bleistiftförmige Strahl ist jedoch das Ergebnis der Bündelungsarbeit der Mikrowellenlinse.

Der Versuchsaufbau in Abb. 20 untersucht nur das Amplitudenbild des elektromagnetischen Feldes, genau wie unsere Korken- und Mikrofonmethode lediglich die Wasserwellenamplitude auf

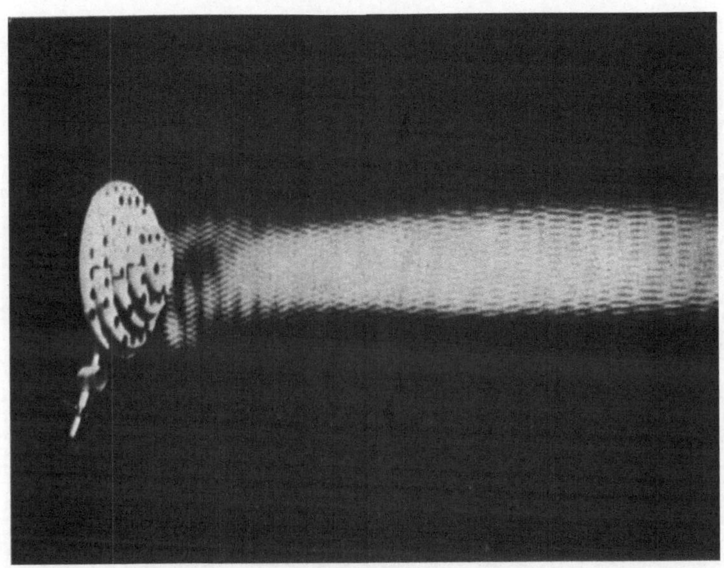

Abb. 22. Eine speziell konstruierte Mikrowellenlinse konzentriert elektromagnetische Wellenenergie (die auf dem Foto von links ankommt) auf einen bleistiftdicken Strahl. Die Frequenz betrug bei diesem Versuch 9,1 GHz. Das Foto wurde mit Hilfe des Versuchsaufbaus aus Abb. 20 erstellt

dem Teich und das Schallwellenfeld aufzeigten. Um nun tatsächlich das Wellenbild aufzuzeigen, müssen wir uns wieder eines wellenerzeugenden Mechanismus bedienen, in diesem Fall eines Klystrons. Abb. 21 zeigt, wie das ursprüngliche Signal mit dem gebündelten Signal im Mikrowellenfeld zusammengefaßt wird, um so die zur Darstellung des Wellenbildes notwendigen Additionen und Subtraktionen zu bilden. Ein U-förmiger Teil der Hohlleitungen entnimmt dem Klystron einen Teil der Mikrowellenenergie und strahlt sie durch einen zweiten Hornstrahler aus, der auf das zu untersuchende Mikrowellenfeld gerichtet ist. Die Wellen treten aus diesem zweiten Horn genauso wie die Wasser- und

Schallwellen kugelförmig aus; wenn jedoch dieses Horn weit entfernt steht, werden die Kreise sehr groß sein, bis sie die Mikrowellenempfangsantenne erreichen. Nun ist aber ein kurzes Stück eines großen Kreises fast eine Gerade und ein kleines Stück Oberfläche einer großen Kugel fast eine Ebene. Deshalb ist in der

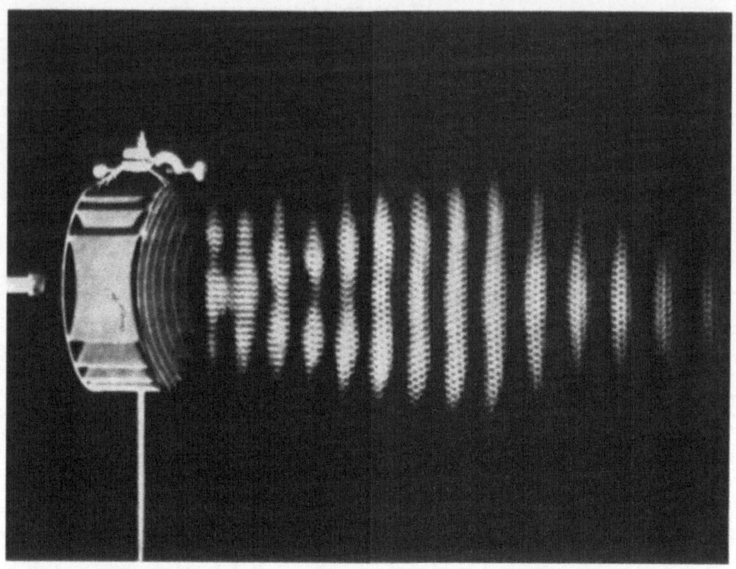

Abb. 23. Mit Hilfe des Versuchsaufbaus aus Abb. 21 können die Wellenfronten in Gestalt eines gebündelten elektromagnetischen Strahls sichtbar gemacht werden. Die Hohlleitung ganz links ist auf den Brennpunkt der Mikrowellenlinse gerichtet; in der Mitte des Bildes erscheinen die Wellenfronten der gerichteten Energie

Ebene, welche die Empfangsantenne erfaßt, der Wellenzustand der Wellen des zweiten Horns (also Wellenberg oder -tal) praktisch gleichförmig. Die aus dem ersten Horn (und seiner Linse) austretenden Wellen pflanzen sich im rechten Winkel zu den Wellen aus dem zweiten Horn fort. Folglich gibt es zwischen diesen beiden Wellen Additionen und Subtraktionen. In dem Moment, in dem der zweite Trichter in der Abtastfläche einen Wellenberg erzeugt, ergibt sich bei allen *Wellenbergen* des ersten Horns eine *Addition*, bei den *Wellentälern* hingegen eine *Subtraktion*. Das Bild beider Wellen in der Abtastfläche bleibt immer

28

konstant — auch wenn beide Wellenströme sich weiter nach außen fortpflanzen. Wenn also das zweite Horn über die gesamte Abtastfläche ein *Wellental* erzeugt, sind die Wellen des ersten Horns bereits weitergewandert, und ihre Wellenberge und -täler haben die Plätze getauscht. Dadurch bleibt das additive Muster erhalten.

Wenn man diese räumlich begrenzte Fläche mit der Empfangsantenne und der damit verbundenen Neonlampe abtastet, werden die fortschreitenden Wellensysteme der aus Horn 1 und seiner Linse austretenden Mikrowellen sichtbar. Der Versuchsaufbau in Abb. 21 wurde benutzt, um das Foto in Abb. 23 zu erhalten, das ein durch eine Metallinse gebündeltes Mikrowellenbild zeigt. Ganz links befindet sich die Hohlleitungseinspeisung für die Linse. Die Frequenz der Mikrowellen (9,1 GHz) entspricht einer Wellenlänge von 3,3 cm, die wiederum dem Abstand zwischen den aufeinanderfolgenden Wellen auf der Fotografie entsprechen. Bemerkenswert ist, daß die Wellenfronten hier nicht kreisförmig wie in Abb. 19 sind, sondern gerade (d. h. Teilabschnitte einer Ebene). Dies ist charakteristisch für *gerichtete* Wellenenergie im Gegensatz zu ungerichteter, die sich in alle Richtungen ausbreitet (s. Abb. 19).

Kapitel 3

Wellenausbreitung

Aus der Betrachtung der Wellenfrontenmuster kann man bereits viel über die Gestalt von Wellen erfahren. Wir haben gesehen, daß, wenn Wellenenergie sich in alle Richtungen ausbreitet, die Wellenfronten entweder kreisförmig (wie auf dem Teich) oder kugelförmig sind (wie der Schall aus dem Telefonhörer)[1]. Ist die Wellenenergie dagegen gerichtet, sind die Wellenfronten flach (Abb. 23). Wie breiten sich Wellen in Schattenregionen aus? Dieser Prozeß heißt Beugung; hiermit sagt man, daß Wellen sich um ein Hindernis „herumbeugen".

Beugung

Webster definiert Beugung wie folgt: „Licht unterliegt einer Veränderung, wenn es die Kanten undurchsichtiger Körper oder schmale Schlitze passiert, an denen die Strahlen scheinbar abgelenkt werden, wobei Grenzbereiche parallelen Lichts und dunkle oder farbige Bänder entstehen; das gleiche gilt für die analogen Phänomene des Schalls, der Elektrizität usw." Aus dieser Definition ergeben sich verschiedene Aspekte der Beugung, die wir der Reihe nach betrachten wollen.

Wenn Wellen die Kanten undurchsichtiger Körper passieren, wird ein Teil der Energie in die Schattenzone abgelenkt (gebeugt). Abb. 24 zeigt dieses Phänomen im Foto, das nach der im letzten Kapitel beschriebenen Methode aufgenommen wurde. Hier kommen Schallwellen von links; das Holzbrett dient als abschattendes Objekt. Oberhalb des Bretts strömen die Wellen ungehindert nach rechts; da die Wellen das Brett aber nicht durchdringen können (es ist für Schallwellen „undurchsichtig"), ist auf dem Foto rechts unten eine „Schattenzone". Die Oberkante des Bretts

---

[1] Die kreisförmigen Wellenmuster in Abb. 19 sind in Wirklichkeit Querschnitte von kugelförmigen Wellenfronten der Schallwellen.

bildet ein Störobjekt (im folgenden auch Messerschneide genannt), das als neue Energiequelle auftritt. Deshalb scheinen die Wellen in der Schattenzone an dieser Schneide zu entspringen. Die Wellenfronten sind kreisförmig (zylindrisch), und ihr Mittelpunkt liegt auf der Messerschneide.

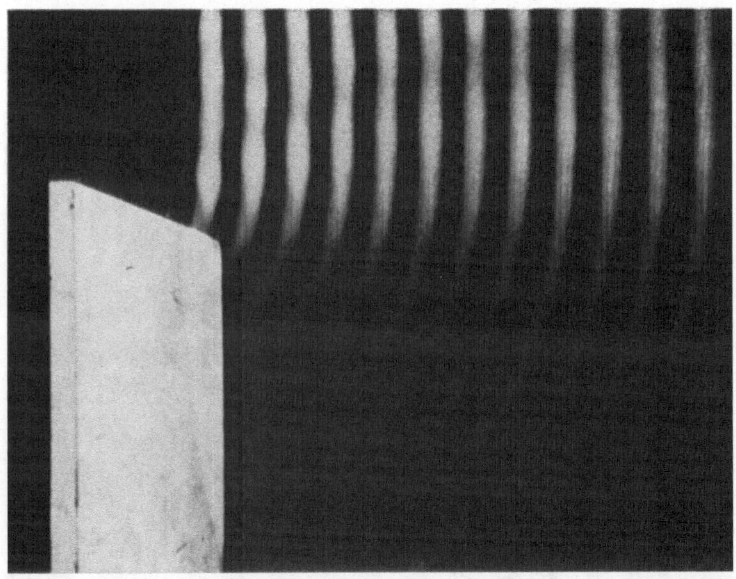

Abb. 24. Ebene Schallwellen kommen von links und pflanzen sich im oberen Bildteil ungehindert nach rechts fort. In der Schattenzone unten sind kreisförmige Wellen sichtbar, die durch Beugung an der Kante des schattenerzeugenden Objekts entstehen

Als nächstes wollen wir als undurchsichtiges Objekt nicht eine Messerschneide, sondern eine runde Scheibe nehmen. Die Energie wird dann an allen Punkten des Scheibenumfangs abgelenkt und in der zylindrischen Schattenzone der Scheibe entsteht ein wesentlich komplizierteres Wellenmuster. Abb. 25 zeigt diesen Versuch. Wiederum kommen Schallwellen von links, die sich im oberen und unteren Teil des Fotos ungehindert ausbreiten.

In der Schattenzone sind zwei Systeme kreisförmiger Wellenfronten sichtbar, die jeweils die obere oder untere Kante als gemeinsamen Mittelpunkt haben. Diese Wellenfronten „interferieren“

miteinander, d. h. ihre Energien addieren und subtrahieren sich.
Aus dem komplizierten Zusammenspiel dieser Wellenfronten er-
gibt sich entlang der Achse ein schmales Wellenbild, ähnlich dem
der auf dem Foto oben und unten ungehindert sich ausbreitenden
Wellen, und das sich in der gleichen Richtung fortpflanzt. Die
Kombination „neuer" Wellenquellen entlang des kreisförmigen

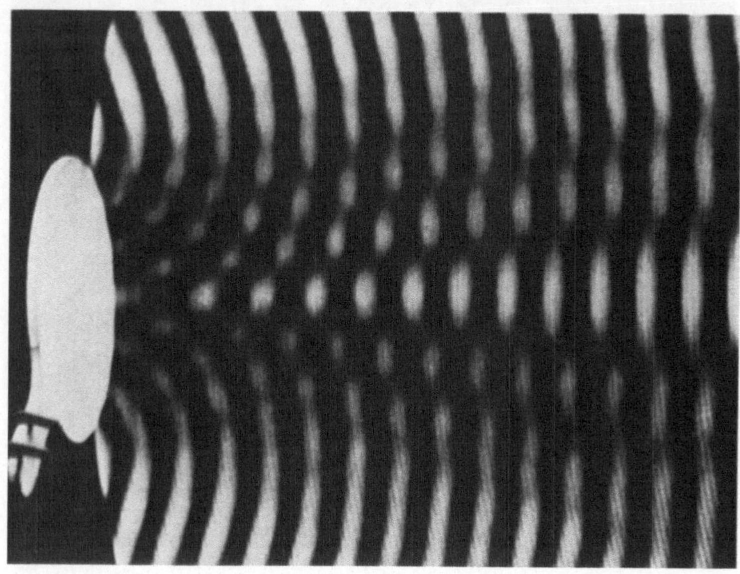

Abb. 25. Schallwellen, die durch eine runde Scheibe abgelenkt wurden, ver-
einigen sich in der Schattenzone zu einem zentralen Strahl paralleler Wellenfronten

Scheibenrandes hat eine Konzentration der Energie entlang der
Achse zur Folge.

Lord Rayleigh hat diesen Effekt bei Lichtwellen als erster vorhergesagt und beobachtet. Mit Hilfe eines Pfennigstücks als licht-
undurchlässiges Objekt und eines Sonnenstrahls als Lichtquelle
stellte er im Zentrum des kreisförmigen Schattens des Pfennigstücks einen hellen Fleck fest. Abb. 26 zeigt den gleichen Versuch
wie Abb. 25; jedoch wurde hier das Phasensignal herausgenommen.
Es ist nur das Amplitudenbild der Schallwelle hinter der Scheibe
zu sehen; Lord Rayleighs „heller Fleck" zeigt sich deutlich.

Wenn Licht durch Schlitze in einer undurchlässigen Wand strahlt, entstehen ungewöhnliche Beugungseffekte, die Webster als „Beugungsfransen" und „dunkle oder farbige Bänder" bezeichnet. Um diese Effekte zu beobachten, ersetzen wir die Schlitze durch zwei ungerichtete Schallquellen und prüfen mit Hilfe unserer Sichtbarmachungsmethode das von diesen zwei Schallquellen

Abb. 26. Das Amplitudenmuster im Schatten einer Scheibe zeigt deutlich die helle Strahlungskeule in der Mitte

erzeugte Muster. Abb. 27 zeigt ein solches Bild von zwei Schallquellen von je 9000 Hz, die um drei Wellenlängen ($\lambda = 3{,}8$ cm) voneinander entfernt sind. Wenn beide Quellen phasengleich schwingen, ergibt das Zusammentreffen der zwei gleichförmigen Wellenfelder eine Wellenaddition von allen Punkten im Raum, die gleich weit von den zwei Abstrahlpunkten entfernt sind.

An Raumpunkten, die um eine halbe Wellenlänge verschieden weit von den zwei Schallquellen entfernt sind, heben sich die Wellen auf, d. h. eine vermindernde Interferenz tritt auf. Eine der beiden Wellen hat positiven Druck, während die andere gleichzeitig negativen Druck aufweist und umgekehrt. In Kapitel 2 wurde dieser Effekt bereits im Zusammenhang mit Abb. 16 erläutert. Dieser Interferenzeffekt bewirkt die dunklen Stellen in Abb. 27 direkt über und unter dem hellen Mittelstrahl. Die nächste helle Zone entsteht in Gebieten, in denen die Entfernungen von den zwei Schallquellen um eine volle Wellenlänge verschieden sind. Dabei sind die Wellen wieder phasengleich, und sowohl positiver

Abb. 27. Zwei getrennte Schallquellen verhalten sich wie zwei optische Schlitze und erzeugen so ein Beugungsmuster durch verstärkende und vermindernde Interferenz

als auch negativer Druck addieren sich. Wo immer die Entfernungen sich um ein *ganzzahliges* Verhältnis von Wellenlängen unterscheiden, entsteht eine Wellenaddition (verstärkende Interferenz). Somit sind alle Wellenzonen in Abb. 27 (die in der Optik „Interferenzfransen" und in der Akustik und Radiotechnik „Keulen" genannt werden) solche Additions- oder verstärkende Interferenzfelder. Schließlich stellen wir fest, daß wir vermindernde Interferenz antreffen, wenn die Entfernungen sich um ungerade Zahlen halber Wellenlänge (z. B. $^1/_2$, $^3/_2$, $^5/_2$ usw.) unterscheiden.

Die beiden kleineren schwarzen Felder oben und unten in Abb. 27 sind Zonen, in denen die Entfernungen um $^3/_2$ Wellenlängen verschieden sind.

Wenn die in Abb. 27 abgebildeten Wellen Lichtwellen und die Strahler lange Schlitze senkrecht zum Papier wären, würden auf einem in kurzer Entfernung aufgestellten Bildschirm eine Reihe heller und dunkler Streifen erscheinen, die in der Optik Interferenzfransen heißen. Aber Webster sprach auch von farbigen Streifen. Da die dunklen Gebilde in Abb. 27 Zonen sind, deren Entfernungen zu den zwei Quellen um eine ungerade Zahl halber Wellenlänge verschieden sind, ist es klar, daß Wellen mit größeren oder kleineren Wellenlängen (Frequenzen) als die in Abb. 27 benutzten auch andere Raummuster (Beugungsmuster) erzeugen. Eine Welle einer bestimmten Frequenz könnte also eine helle Zone auf der Leinwand erzeugen, wo eine andere Frequenz gerade eine dunkle Zone erzeugt. Da weißes Licht aus verschiedenen Frequenzen (Farben) zusammengesetzt ist, besteht das Beugungsbild in Wirklichkeit aus den verschiedensten, von jeder einzelnen Farbe erzeugten Beugungsmustern. Diese verschiedenen Muster erscheinen auf der Leinwand nicht wieder zu weißem Licht zusammengesetzt, statt dessen entstehen farbige Interferenzfransen.

Brechung

Die Fortpflanzungsgeschwindigkeit von Wellen ist nicht für alle Medien gleich. So breiten sich Lichtwellen in Luft schneller aus als z. B. in Wasser oder Glas.

Wenn Wellen ein Medium verlassen (in dem sie sich mit einer bestimmten Geschwindigkeit ausbreiteten) und in ein anderes eintreten (in dem sie sich mit anderer Geschwindigkeit ausbreiten), tritt ein bemerkenswertes Phänomen auf: Ihre Fortpflanzungsrichtung wird abgelenkt. Dieser Vorgang der Brechung kann auf zwei Arten sichtbar gemacht werden. In der Abb. 28 wird der Strahlenbegriff zugrunde gelegt und gezeigt, wie ein Licht„strahl" abgelenkt wird, wenn er in ein neues Medium eintritt. Dagegen zeigt Abb. 29 ein Bild der Wellenfronten und deren Verhalten, wenn sie in ein Medium mit geringerer Fortpflanzungsgeschwindigkeit eintreten. Die Bewegung der Wellenfronten ist mit Reihen marschierender Soldaten vergleichbar, die eine Abgrenzung passieren und unter einem Winkel in ein Feld (vielleicht ein gepflügtes) einschwenken, auf dem sie ihre Geschwindigkeit herabsetzen müssen. Der Wechsel in der Geschwindigkeit verursacht einen Richtungswechsel. Nachdem die ersten Soldaten die Grenze überqueren und langsamer marschieren, folgen die anderen der Reihe

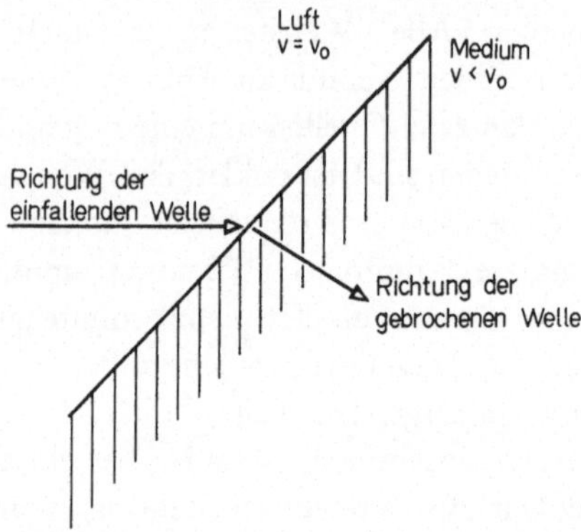

Abb. 28. Wenn Wellenenergie ein Medium verläßt und in ein anderes unter schrägem Winkel eintritt, wird die ursprüngliche Strahlungsrichtung abgelenkt, wenn die beiden Medien verschiedene Fortpflanzungsgeschwindigkeiten haben

ihrem Beispiel; wenn dann die ganze Reihe die Grenze passiert hat, hat sich die Marschrichtung der Kolonne geändert. Es ist offensichtlich, daß die Gleichung (Frequenz × Wellenlänge = Geschwindigkeit) in Abb. 29 eine wichtige Rolle spielt. Da die *Frequenz* einer Welle ein konstanter Faktor ist, muß eine Änderung der Wellengeschwindigkeit eine entsprechende Änderung der Wellenlänge zur Folge haben. Abb. 29 zeigt diesen Wechsel durch die enger beieinanderliegenden parallelen Linien im neuen Medium an.

Das Verhältnis der Geschwindigkeiten in den beiden Medien gibt Auskunft über das Maß der Strahlablenkung — oder Brechung —, das Brechungsindex genannt wird.

Der Buchstabe *n* kennzeichnet diese Größe. Die Gleichung des Brechungsindex' einer bestimmten Substanz lautet demnach:

$$n = \frac{V_0}{V}$$

wobei V_0 die Ausbreitungsgeschwindigkeit im freien Raum, V die Geschwindigkeit in einem anderen Medium ist. Optische Brechungssubstanzen wie z. B. Wasser, Glas und Diamant haben alle einen Brechungsindex größer 1; d. h. die Lichtgeschwindigkeit ist in diesen Medien geringer als die Lichtgeschwindigkeit im freien Raum.

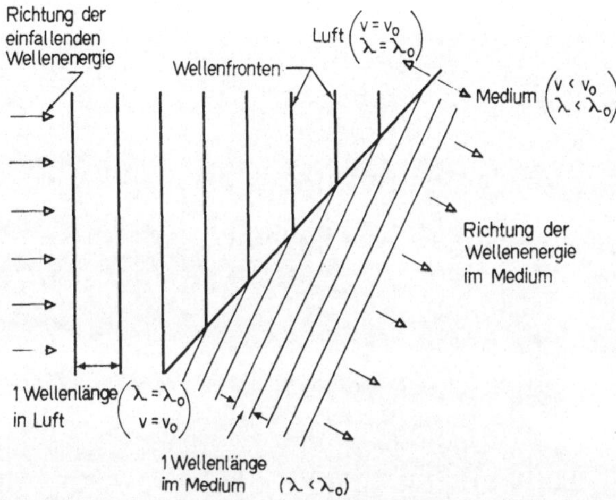

Abb. 29. Wellenenergie, die in ein Medium mit geringerer Wellengeschwindigkeit eintritt, erfährt eine Verkürzung der Wellenlänge; entsprechend ändert sich auch die Ausbreitungsrichtung

Prismen

In Abb. 28 und 29 haben wir die Effekte an Grenzflächen zwischen Luft und einem Brechungsmedium erläutert (geringere Wellengeschwindigkeit). Wir wollen nun untersuchen, was geschieht,

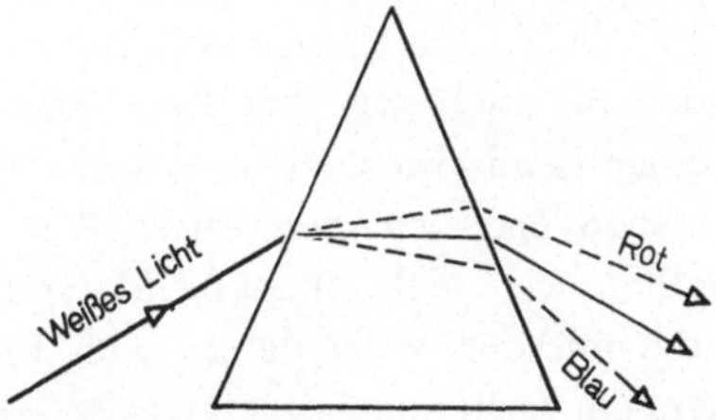

Abb. 30. Die Wellengeschwindigkeit von rotem Licht wird beim Eintritt in ein Glasprisma nicht so stark herabgesetzt wie die Geschwindigkeit des blauen Lichts

wenn Wellenenergie in eine Brechungssubstanz ein- und dann
später wieder *austritt*. Abb. 30 zeigt einen Schnitt durch ein gläsernes optisches Prisma. Ein Lichtstrahl tritt an der linken Seite ein
und an der rechten wieder aus. Der Lichtstrahl wird beim Eintritt
in das Prisma geknickt (oder gebrochen) und eine weitere Brechung
erfolgt beim Verlassen des Prismas. Ein Wellenfrontenbild nach

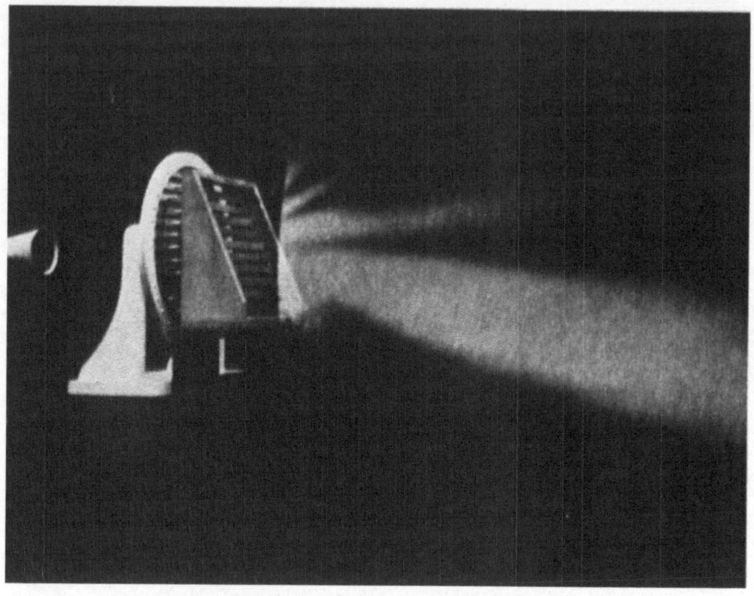

Abb. 31. Der durch eine akustische Linse gebündelte Schallstrahl wird durch
ein akustisches Prisma nach unten abgelenkt

dem Muster von Abb. 29 ergäbe für den wieder austretenden
Lichtstrahl die gleiche Ausbreitungsrichtung.

Prismen werden oft auch dazu benutzt, verschiedene Wellenlängen, die in einer gemischten elektromagnetischen Welle enthalten sind, voneinander zu trennen. Diese Trennung (oder Zer-
legung) ist möglich, weil viele optische Materialien Brechungs-
indizes haben, die mit der Wellenlänge oder Frequenz elektromagnetischer Wellen variieren. So zeigt z. B. Abb. 30 ein Glasprisma, das für jede der verschiedenen Spektralfarben, die zusammen weißes Licht ergeben, einen geringfügig verschiedenen

Brechungsindex besitzt und deshalb die roten Strahlen weniger stark ablenkt als die blauen. Das Prisma trennt also die Spektralfarben voneinander. Ein Material, dessen Brechungsindex frequenzabhängig ist, wird *streuend* genannt, ein Prisma aus diesem Material verursacht *Dispersion* (Streuung).

Die Richtungsablenkung einer Welle durch ein Prisma gilt auch für Schallwellen. Abb. 31 zeigt einen Versuch, bei dem aus einem

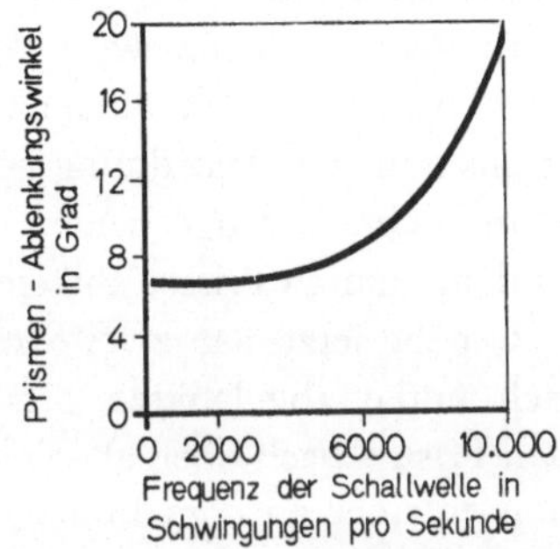

Abb. 32. Das Prisma in Abb. 31 hat einen Brechungsindex für Schallwellen, der von der Frequenz abhängig ist

kleinen konischen Hornlautsprecher Schall abgestrahlt wird, der durch eine spezielle akustische Linse[2] gebündelt und dann durch ein akustisches Prisma gestrahlt wird. Ohne das Prisma wäre der Schallstrahl in horizontaler Richtung verlaufen; das Prisma hat den Strahl jedoch nach unten abgelenkt.

Das akustische Prisma in Abb. 31 zeigt außerdem noch eine Dispersion der Schallwellen. Abb. 32 gibt die Größe der Strahlablenkung für Schallwellen verschiedener Frequenzen an. Genau wie ein Glasprisma die verschiedenen elektromagnetischen Frequenzen, die zusammen weißes Licht ergeben, zerlegt, kann das akustische Prisma die verschiedenen Frequenzkomponenten einer Schallwelle, die aus mehreren Tönen unterschiedlicher Frequenz oder Höhe besteht, zerlegen.

Es ergibt sich also, daß das in Abb. 31 gezeigte Prisma gleichermaßen wirksam ist für Schallwellen sowie für elektromagnetische Wellen im Mikrowellenfrequenzbereich (der Grund dafür wird in einem späteren Kapitel behandelt).

---

[2] Dieser Linsentyp wird in Kapitel 7 ausführlicher behandelt.

Weiterhin ist der Betrag der Ablenkung derselbe, wenn die Wellenlängen der Mikrowellen und der Schallwellen identisch sind. Bei diesem speziellen Prisma tritt die ungewöhnliche Situation auf, daß die Änderung des Brechungsindex mit der *Wellenlänge* für beide Wellentypen dieselbe ist.

Wellenbündelung

In Abb. 31 zeigt das dicke Ende des Prismas nach unten; die Wellen werden nach unten abgelenkt. Wäre das dicke Ende des Prismas oben gewesen, wäre der Strahl auch nach oben abgelenkt worden. Stellen wir uns nun eine Anordnung vor mit einem zweiten Prisma unter dem ersten und den beiden dicken Enden aneinander. Links von dem unteren Prisma soll eine weitere Wellenenergiequelle sein. Es gäbe jetzt also zwei Strahlen, erstens den ursprünglichen, nach unten abgelenkten Strahl, und zweitens einen von dem neuen Prisma nach oben abgelenkten Strahl. Eine Energiekonzentration entsteht an dem Punkt, wo sich die zwei abgelenkten Strahlen treffen.

Eine solche Konzentration von Wellenenergie wird *Bündelung* genannt. Das Gebiet der Energiekonzentration heißt *Brennpunkt*. Zusammen ähneln die zwei dreieckigen Prismen im Schnitt einer Sammellinse, z. B. einer Lupe, die am oberen und unteren Rand dünn und in der Mitte dick ist.

Linsen

Die gerade erwähnten zwei Prismen bündeln oder konzentrieren Energie nur in einer Dimension — in einer vertikalen Ebene. Eine Bündelung in horizontaler und vertikaler Ebene wird mit einer runden Brechungskonstruktion erreicht, deren gesamter Umfang dünn und dessen Zentrum dick ist. Diese kreisförmige Linse konzentriert die Energie in einem Brennpunkt, der auf ihrer Achse liegt.

Abb. 33 zeigt die Wirkung, die eine solche kreisförmige Linse (dünn am Rand und dick in der Mitte) auf Schallwellen ausübt. Links sieht man das Horn, das die Schallwellen abstrahlt; das Wellenfeld ist nur rechts von der Linse sichtbar. Hier zeigen die geraden Linien, daß die kreisförmigen Wellenfronten, die aus dem Horn abgestrahlt werden (und die hier im Bild nicht gezeigt sind)

nach Passieren der Linse in ebene Wellenfronten umgewandelt
werden.

Da Wellenvorgänge *umkehrbar (reziprok)* sind — d. h. die Phänomene sind identisch, unabhängig von der Ausbreitungsrichtung
der Wellen —, kann man auch annehmen, daß in Abb. 33 aus

Abb. 33. Kreisförmige Schallwellenfronten, die aus einem im Brennpunkt
der Linse aufgestellten Horn austreten, werden durch eine akustische Linse
in ebene Wellen umgewandelt

einer entfernten Quelle Energie *von rechts* ankommt und die Linse
dann die in ihrer rechten Hälfte auftreffende Energie an der Stelle
bündelt, wo sich das Speisehorn befindet. Da dieses sich im Brennpunkt der Linse befindet, empfängt es ein Maximum an Energie.

Im ersten Beispiel in Abb. 33 (Energie wird von links abgestrahlt) wird ein Maximum an Bündelung erreicht, wenn die
Wellenenergiequelle (das kleine Horn) im Brennpunkt installiert
ist. Umgekehrt befindet sich das Horn im zweiten Beispiel (Energie wird von rechts abgestrahlt) an dem Punkt, wo das Maximum
an Bündelung der empfangenen Energie auftritt — nämlich im
Brennpunkt.

Ein weiteres Anwendungsgebiet für Linsen ist die Konzentration sich ausbreitender Energie in einem zweiten Brennpunktgebiet. Diese Linse hat dann zwei Brennpunkte. Abb. 34 zeigt die Wellenfelder auf beiden Seiten der Linse. Vom Hornstrahler auf der linken Seite breitet sich die Energie aus; die kreisförmigen

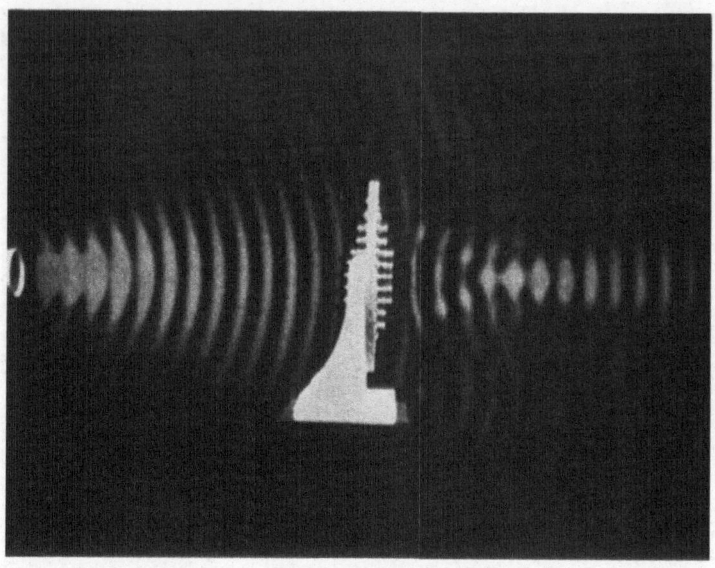

Abb. 34. Kreisförmig sich ausbreitende Schallwellen, die von dem Horn links abgestrahlt werden, wandelt die akustische Linse in kreisförmig zusammenlaufende Wellen rechts um

Linien, die in Abb. 33 nicht sichtbar waren, sind Beweise für die kreisförmige Wellenausbreitung. Nachdem die Wellen die Linse passiert haben, sind die Wellenfronten konkav nach innen abgelenkt und gleichzeitig zeigt sich rechts von der Linse eine deutliche Wellenkonzentration. Diese spezielle Linse ist *doppelkonvex*, da Front- und Rückseite gewölbt sind. Die Linse in Abb. 33 ist dagegen plankonvex, da eine Seite eben, die andere gewölbt (konvex) ist.

Kapitel 4

Wellenabstrahlung

Durch welchen Vorgang wird die Wellenausbreitung angeregt?
Wie erzeugen akustische und elektromagnetische Sender verschiedene Strahlungscharakteristiken? Wir wollen versuchen, zumindest teilweise diese Fragen zu beantworten, indem wir verschiedene Erscheinungen untersuchen, die durch unterschiedliche
Gestaltung der Strahler auftreten.

Hornstrahler

In grauer Vorzeit schon erkannten Höhlen- oder Baummenschen, daß ihre durch lautes Rufen erzielte Verständigung viel
weiter drang, wenn sie die Hände wie einen Trichter um den
Mund wölbten. Später wurde dieser Effekt bedeutend verbessert,
als man begann, durch ein hohles Tierhorn oder ein Stück Rinde
zu blasen, das in konische Form gerollt die Gestalt eines Megaphons annahm. Damit hatte die Menschheit erkannt, daß man
die Schallabstrahlung verbessern kann. Ein akustischer Hornstrahler, wie ihn Abb. 16 zeigt, hat eine Strahlungscharakteristik
mit einer Energiekonzentration in der Zielrichtung des Strahlers.
Dagegen zeigt ein Telefonhörer (Abb. 19) weder eine Konzentration noch eine Richtcharakteristik. Warum hat nun der Hornstrahler diesen ausgeprägten Richtungseffekt?

Abb. 35 zeigt die kreisförmigen Wellenfronten einer ungerichteten Schallquelle. Die Energie strahlt in alle Richtungen. Da die
Kreise (die in Wirklichkeit Kreissegmente sind) größer werden
und die Energie dabei konstant bleibt, nimmt die Schallenergie,
die ein bestimmtes Gebiet durchwandert, mit der Entfernung von
der Schallquelle ab.

Dieses Verhältnis haben wir durch die abnehmende Strichstärke
der Kreislinien verdeutlicht, welche die Wellenfronten mit den
größer werdenden Kreisen darstellen. Ein Beobachter wäre an

Punkt A in einem stärkeren und intensiveren Schallfeld als an
Punkt B.

In Abb. 36 haben wir die Schallenergie zuerst in einer zylindrischen Röhre, dann in einem konischen Horn eingegrenzt.

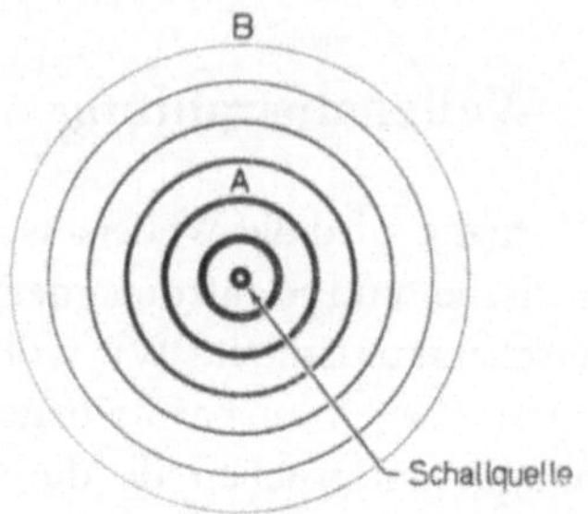

Abb. 35. Schallwellen aus einer ungerichteten Schallquelle strahlen in alle
Richtungen. Die Energie nimmt an jedem Punkt der nach außen aufeinanderfolgenden Ringe ab. Auf Grund dieser Energiestreuung ist der Schall am
Punkt *A* lauter als am Punkt *B*. Die Dicke der Kreislinien gibt die relative
Energie im Abstand von der Quelle wieder

Innerhalb der Röhre gibt es keine Energiedivergenz (-streuung),
und die Schallintensität bleibt auf dem Weg durch die Röhre annähernd gleich (im Bild verdeutlicht durch die konstante Strichstärke der Wellenfronten). In dem Hornstrahler gibt es zwar eine

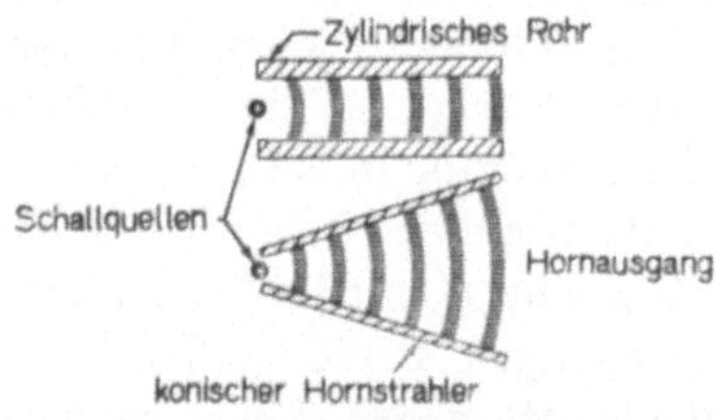

Abb. 36. Wellenenergie wie z. B. Schall, die sich in einer zylindrischen Röhre
fortpflanzt, breitet sich nicht nach außen hin aus; Intensität und Lautstärke
bleiben annähernd konstant. Ein ähnliches Bild bietet ein konischer Trichter

geringe Streuung, da aber die gesamte Energie durch die Hornwände eingegrenzt ist, bleibt die Intensität am Hornausgang recht
hoch. Außerdem sind die Wellenfronten am Hornausgang ziemlich eben, und da die Energie sich entlang einer Linie, die senkrecht zu den Wellenfronten verläuft, fortpflanzt, können wir eine

Schallenergiekonzentration in der Zielrichtung des Hornstrahlers erwarten.

Wie eben müssen die Wellenfronten sein, um den besten Richtungseffekt zu erzielen? Es hat sich in der Theorie und Praxis gezeigt, daß die Leistungsfähigkeit der Strahlung der idealen ebenen

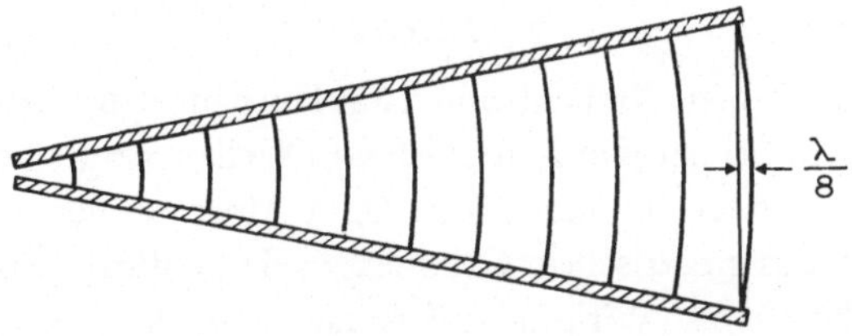

Abb. 37. Wenn die Krümmung der Wellenfronten, die von einem Horn abstrahlen, sehr gering ist, weist die abgestrahlte Energie eine starke Richtwirkung auf. Wenn der Phasenunterschied, wie gezeigt, nur ein Achtel einer Wellenlänge beträgt, ist der Unterschied in der Richtwirkung zu einer wirklich ebenen Wellenfront kaum wahrnehmbar

Phasenfront fast gleich ist, wenn die Abweichung von der ebenen Phasenfront so klein ist, daß nur ein Achtel Wellenlänge als Krümmung über die ganze Öffnung erscheint (s. Abb. 37). Deshalb wird als Kriterium für einen Mikrowellenstrahler häufig verlangt, daß die Phasenfront im Bereich $\pm\,^{1}/_{16}$ einer Wellenlänge eben sein muß.

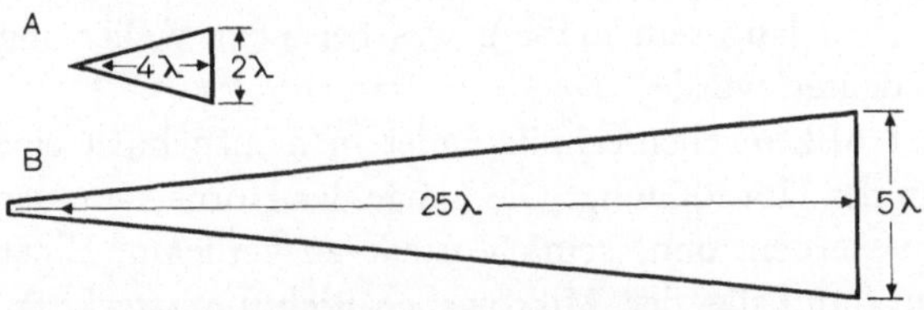

Abb. 38. Wenn man die Wellenfront-Krümmung auf ein Achtel Wellenlänge beschränkt, bestimmt die Öffnungsweite (gemessen in Wellenlängen) die Länge des Hornstrahlers. Ein Horn mit kleiner Öffnung (A) kann kurz sein, ein Horn mit großer Öffnung (B) muß lang sein

Wenn also verlangt wird, daß Phasenfronten bei $\pm\,^{1}/_{16}$ einer Wellenlänge eben sein sollen, werden Hornstrahler mit großer Öffnung extrem lang.

Abb. 38 zeigt die Geometrie für zwei Hornstrahler mit verschieden großer Öffnung. Um die Forderung der $^{1}/_{8}$-Wellenlängen-

Krümmung zu erfüllen, muß ein Horn mit einer Öffnung von nur zwei Wellenlängen eine Länge von vier Wellenlängen haben. Dagegen ist ein Horn mit einer Öffnung von fünf Wellenlängen bereits 25 Wellenlängen lang. Ein Horn mit einer Öffnung von 20 Wellenlängen müßte sogar 400 Wellenlängen lang sein.

Linsen

Wenn also ebene Wellenfronten am Hornausgang zur höchsten Wirksamkeit bei der Konzentration von Wellenenergie nötig sind und wenn große Öffnungen sehr lange Hornstrahler verlangen, muß man aus praktischen Gründen nach modifizierten Wegen suchen, die gleiche Wirkung auf einfacherem Weg zu erreichen. Abb. 33 zeigt, daß kreisförmige Wellenfronten mit Hilfe einer Linse in flache Wellenfronten umgewandelt werden. Ferner zeigt Abb. 33 Wellenfronten, die aus einer Linse mit ziemlich großer Öffnung austreten. Die Linse hat einen Durchmesser von ca. 80 cm, und die Linsenöffnung beträgt bei einer Wellenlänge von ca. 4 cm etwa 20 Wellenlängen. Wir stellen daher fest, daß im Vergleich zu einem normalen Hornstrahler mit der Linse die Längendimensionen erheblich herabgesetzt werden können. Die Speisung für die Linse in Abb. 34 (links auf dem Foto) befindet sich nur ca. 80 cm von der rückwärtigen Linsenoberfläche entfernt. Vergleiche diese Entfernung mit 400 Wellenlängen (die ein Hornstrahler lang sein müßte), was bei 4 cm Wellenlänge etwa 16 m bedeuten würde!

In der Mikrowellentechnik findet man manchmal eine Linse direkt in der Hornöffnung. Die Länge des Horns kann dann kurz gehalten werden, ohne seine Vorteile zu verlieren. Einer dieser Vorteile (im Falle der Mikrowellen-Richtfunkstrecken) ist die Abschirmwirkung des Horns; denn Radiowellen durchdringen keine metallenen Leitbleche. Die Mikrowellenhornstrahler halten also die Energie fest.

In der kurzen Abhandlung über Glaslinsen in Kapitel 3 stellten wir fest, daß der Querschnitt einer Linse zwei gegeneinandergestellten Prismen gleicht: In der Mitte dick und am Rande dünn. Abb. 39 zeigt nun deutlich das gewünschte Profil einer Linse. Wir nehmen an, daß Energie im Brennpunkt austritt. Es soll im Strahl, der einen Teil seines Weges durch das ablenkende Material der

Linse zurücklegt, die gleiche „Phasenlänge" aufweisen wie ein
Strahl, der mit der Linse nicht in Berührung kommt. Mit anderen
Worten, die Zeit, welche die Wellenenergie benötigt, bis sie an
der Vorderseite der Linse wieder austritt, soll für alle Punkte der
Linse gleich sein. Um dieser Forderung zu entsprechen, muß die
Umrißlinie der Linse eine Hyperbel sein. Damit das Profil in allen

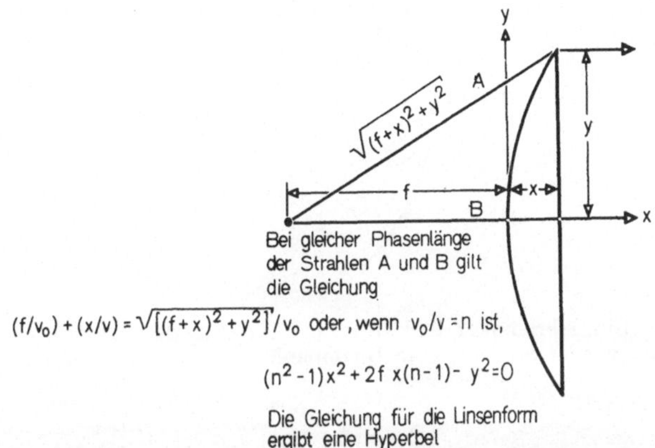

Abb. 39. Voraussetzung für eine ebene Wellenfront nach dem Passieren einer
Linse ist die gleiche Ausbreitungszeit aller Strahlen vom Brennpunkt bis zur
flachen Seite der Linse. Durch die geringere Fortpflanzungsgeschwindigkeit
innerhalb der Linse wird dies erreicht, wenn die Linse in der Mitte dick ist

Ebenen hyperbolisch ist, muß die linke Linsenoberfläche ein Um-
drehungshyperboloid sein. In der Praxis haben jedoch die meisten
Linsen eine kugelförmige Oberfläche, da hyperbolische Flächen
sehr schwer zu schleifen sind.

Parabolspiegel

Ebene Wellenfronten lassen sich auf kleinem Raum auch mit
Hilfe eines bündelnden Reflektors erzeugen. Der Versuch in Abb. 40
zeigt Energie, die vom Brennpunkt F in ebener Wellenfront zu
der Linie LL strahlt, nachdem sie von der gekrümmten Oberfläche
reflektiert wurde. Nach der Definition einer Parabel müssen alle
Linien (Strahlen), die von F ausgehen, nach der Reflexion senkrecht
auf die Linie LL auftreffen und die gleiche Länge haben, *wenn* die
Kurve tatsächlich eine Parabel ist. Folglich wird ein Rotations-
paraboloid als Reflektor eine Bündelung in allen Ebenen erzeugen.

Parabolspiegel werden als Scheinwerferspiegel, Radarantennen und z. T. als akustische Mikrofone für Weitbereichsempfang benutzt. Eine Kombination aus einem Hornstrahler und aus einem

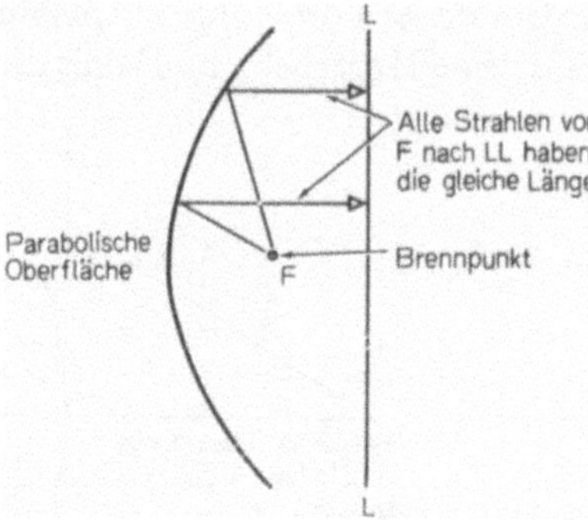

Abb. 40. Ein gekrümmter Reflektor kann ebenfalls dazu dienen, die Ausbreitungszeit aller Strahlen vom Brennpunkt zu einer Ebene anzugleichen

Abb. 41. Eine gebräuchliche Form einer Mikrowellenantenne ist eine Kombination aus einem Hornstrahler und einer parabelförmigen Reflektoroberfläche, deren Brennpunkt im Trichterhals des Horns liegt

48

Segment eines Parabolspiegels erweist sich als ein guter Mikrowellenstrahler. Abb. 41 stellt eine solche Antenne dar; Abb. 42 erläutert in der Zeichnung ihre Arbeitsweise. Der Scheitelpunkt des Hornstrahlers liegt im Brennpunkt der parabelförmigen Oberfläche. Nur der Teil dieser gekrümmten Fläche wird benutzt, der

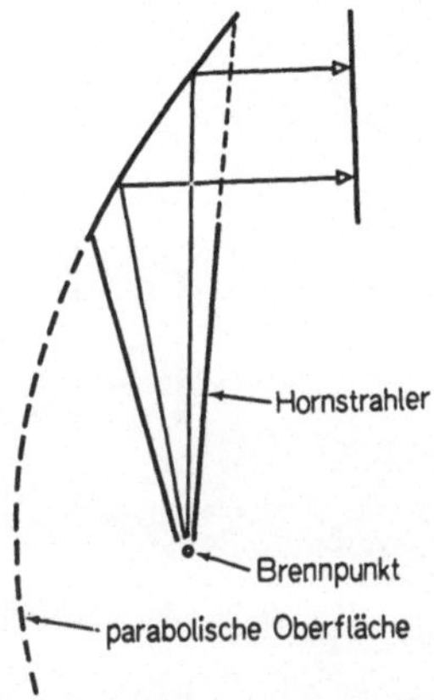

Abb. 42. Ein Teil eines Parabolspiegels kann in Verbindung mit einem Hornstrahler ebene Wellenfronten erzeugen, wobei das Horn die Energie bis zum Auftreffen auf den Reflektor abschirmt

das pyramidenförmige Horn schneidet. Die nach rechts abgestrahlten Wellen weisen auf Grund der Wirkung des parabelförmigen Reflektors ebene Phasenfronten auf. Dieser Strahlertyp bietet die gleichen Abschirmvorteile wie ein Hornstrahler oder eine Horn-Linsen-Kombination.

Strahleranordnungen

Mit Hilfe des Hornstrahlers, der Linse und des Parabolspiegels haben wir versucht, abgestrahlte Wellenfronten mit ebener Phase zu erzeugen. Eine weitere Methode, das gleiche Ziel zu erreichen, ist die Verwendung einer großen Anzahl einzelner Strahler, die alle phasengleich gespeist werden. Abb. 43 zeigt eine solche Anordnung vieler kleiner Schallstrahler des Typs, der auch in Abb. 27 benutzt wurde. Sie sind so miteinander verbunden, daß die Phasen aller abgestrahlten Signale gleich sind.

Obwohl die einzelnen Strahler ungerichtet sind, kombinieren sich deren Ausgangsleistungen, wenn die Strahler in einer Ebene

angeordnet sind. Diese erzeugen dann zwei ebene Wellenfronten,
die in entgegengesetzter Richtung abgestrahlt werden. Wenn man,
wie in Abb. 44 gezeigt, hinter der Ebene der Strahler in richtiger
Entfernung eine reflektierende Platte installiert, werden die Wellen,

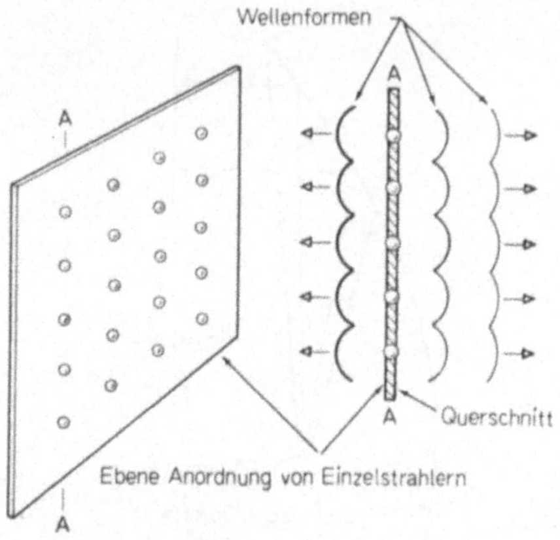

Abb. 43. Eine Anordnung einzelner, selbst ungerichteter Strahler kann als
Richtstrahler mit ebenen Wellenfronten wirken, wenn die Elemente phasengleich abstrahlen

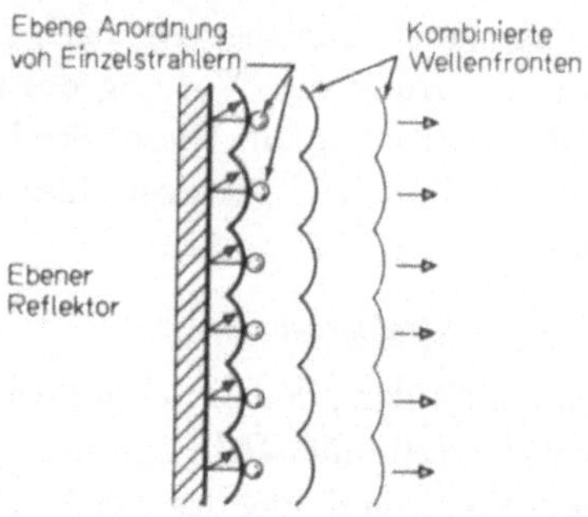

Abb. 44. Ein ebener Reflektor hinter der Strahleranordnung aus Abb. 32
erzwingt die Energieabstrahlung in nur einer Richtung

die in der einen Richtung strahlen, reflektiert und addieren sich
zu den Wellen, die in die andere Richtung abgestrahlt werden.
Eine derartige Strahleranordnung stellt eine Richtquelle mit sehr
kleiner Axialdimension dar.

Die Abstände zwischen den einzelnen Strahlern sind wichtig
für die Wirksamkeit der gesamten Anlage. Wenn wir die Strahler
zu weit auseinander setzen (wie in Abb. 27), entstehen unerwünschte Nebenzipfel (-keulen). In der Theorie zeigt sich, daß,
wenn die Strahler eine halbe Wellenlänge voneinander entfernt
sind, eine Phasenaddition nur in der Richtung geschieht, die senkrecht zu der Verbindungslinie zwischen den beiden Strahlern liegt.
Damit sind unerwünschte Neben-(seiten-)zipfel ausgeschaltet.

Die Strahlung, die senkrecht zur Ebene der Strahler abgestrahlt
wird, nennt man „Querstrahlung". Bei den meisten Quer-(oder
Breit-)Strahlern sind die einzelnen Strahler eine halbe Wellenlänge
voneinander entfernt angeordnet.

Längsstrahler

Abb. 45 zeigt eine Serie von Strahlern, die von einer einzigen
Quelle gespeist werden, aber eine eingebaute „Verzögerung" zwischen den einzelnen Strahlerelementen aufweisen. Wenn die einzelnen Verzögerungen identisch sind mit der Zeit, die eine abgestrahlte Welle benötigt, um sich von einem Element zum nächsten fort-
zupflanzen, addieren sich die Wellen phasengleich entlang der
Verbindungslinie aller Strahler. Solche Anordnungen werden auch

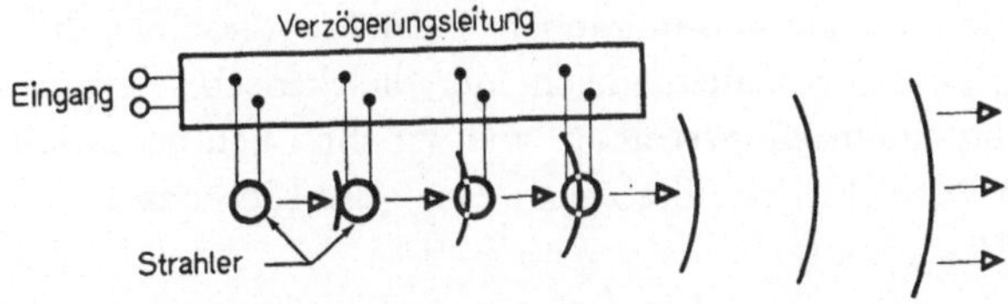

Abb. 45. Ein Längsstrahler entsteht aus Strahlern, die in einer Reihe angeordnet sind und die nicht phasengleich erregt werden, sondern so, daß eine exakte
Phasenaddition in einer bestimmten Richtung erfolgt. In diesem Bild strömt
die Energie nach rechts

„Längsstrahler" genannt: Sie strahlen am Ende der linearen Anordnung der Strahler ihre Energie ab. Längsstrahler richten die
Wellenenergie wie ein Schlauch das Wasser.

Einzelne Strahler können durch eine Energieleitung erregt werden, oder aber die Energieleitung kann selbst als Strahler dienen.
Abb. 46 zeigt einen Mikrowellen-Längsstrahler, der in den ersten

Radargeräten verwendet wurde. Von links strömt Mikrowellenenergie, begrenzt durch ein hohles, leitendes Rohr, das Hohlleitung genannt wird. (Wir werden die Hohlleitungen im nächsten
Kapitel ausführlicher behandeln.) In das Ende des Rohres wird
ein isolierender (nicht leitender oder „dielektrischer") Stab eingeführt. Da der dielektrische Stab gewöhnlich aus dem durch-
scheinenden Kunststoff Polystyrol hergestellt wird, bezeichnet

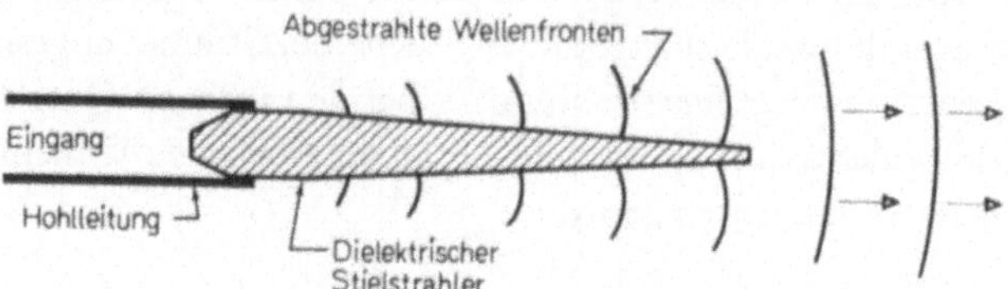

Abb. 46. Ein konischer dielektrischer Stab, der die elektromagnetische Energie
nicht nur leitet, sondern auch allmählich abstrahlt, dient hier als Längsstrahler

man ihn auch mit „Polyrod". Die Wellen pflanzen sich in dem
Stab fort; an dem Punkt, wo die Hohlleitung aufhört, beginnt
dann ein Teil der Energie abzufließen. Der Stab ist im Querschnitt
konisch, und je weiter die Wellen sich ausbreiten, desto mehr
Energie wird mit fortschreitender Stablänge abgestrahlt. Da die
von aufeinanderfolgenden Teilen des dielektrischen Stabes abgestrahlte Energie sich mit annähernder Lichtgeschwindigkeit im
freien Raum fortpflanzt, gleicht der dielektrische Stab in seiner
Wirkung einem Längsstrahler, wie wir ihn oben beschrieben haben. Der dielektrische Stab zeigt eine gute Richtcharakteristik in
einer Zielrichtung.

Kapitel 5

Hohlleitungen

In den letzten Jahren kurz vor und während des zweiten Weltkrieges entdeckte man eine neue Methode, elektromagnetische Energie zu übertragen. Forschungsgruppen, vornehmlich am Massachusetts Institute of Technologie und in den Bell Telephone Laboratorien, benutzten hohle Rohre, genannt *Hohlleitungen*, um die Energie zu leiten und revolutionierten damit die überkommenen Vorstellungen vom Energietransport.

Um den radikalen Bruch dieser Neuentwicklung mit den bis dahin gebräuchlichen Praktiken zu demonstrieren, wollen wir kurz an unsere eigenen ersten Erfahrungen mit der Elektrizitätstheorie zurückdenken. Unsere erste Bekanntschaft mit dem elektrischen „Strom" stammt meistens aus Diskussionen und Demonstrationen über Gleichstrom, der „fließt", wenn eine Batterie an eine Taschenlampe o. ä. angeschlossen wurde. Zwei Drähte waren nötig, um die Lampe oder einen Motor mit Energie zu versorgen; wir nannten sie „Zuleitung" und „Rückleitung". Über die Zuleitung konnte der Strom zum Gerät fließen und über die Rückleitung zurück zur Batterie.

Als man dann zu Wechselstrom überging, waren die Dinge etwas anders. Ein Spielzeugeisenbahntransformatorkreis, der mit Wechselstrom betrieben wird, hat keine Rückleitung mehr, da beide Leitungen gleichzeitig wegen des ständigen Vor und Zurück des Wechselstroms zuerst als „Versorgungsleitung", dann als „Rückleitung" eingesetzt werden. Dennoch haben solche Stromkreise zwei Leitungen, genau wie der Telefonkreis, der Ströme mit einigen Tausend Schwingungen pro Sekunde überträgt. Sogar ein Höchstfrequenzübertragungskreis wie das Koaxialkabel, das Frequenzen von etlichen Millionen Hertz überträgt, hat neben dem Innenleiter eine äußere zylindrische Leiterschale, die als eine Art zweiter „Draht" des Kreises angesehen werden kann.

Als die Erfinder der Hohlleitung also elektrische Energie über einen einzigen Leiter, ein hohles Metallrohr, transportieren wollten, tauchte die naheliegende Frage auf: Wo ist die Rückleitung? Wenn sich der Strom in dem röhrenförmigen Leiter fortpflanzt, wie kommt er zurück? Den in optischen Dingen erfahrenen Physiker wird dieses Problem dagegen keineswegs bestürzen. Er erkannte, daß sich Radio- und Lichtwellen beide elektromagnetisch gleich verhalten, und die Tatsache, daß man Lichtwellen durch ein Rohr mit spiegelähnlichen Wänden schickt, ist nicht ungewöhnlich. Für unsere Zwecke müssen wir uns die Hohlleitung nicht als Elektrizitätsleiter vorstellen, sondern als begrenzende Anordnung, in der sich elektromagnetische Wellen ausbreiten. Wir müssen immer daran denken, daß die Wellenlängen der hier benutzten Radiowellen so klein sind, daß sich die von der Hohlleitung eingefangenen Wellen wie Lichtwellen verhalten.

Rechteckhohlleitungen

Wenn Radiowellen sich innerhalb der geschlossenen Leitungsstruktur einer Hohlleitung ausbreiten, können verschiedene Energieverteilungen entstehen. So kann z. B. die Energie oder die Intensität des elektromagnetischen Feldes in der Mitte stark und an den Wänden schwach sein oder sie kann an mehreren Stellen stark und an anderen schwach sein. Die Möglichkeiten verschiedener Energieverteilung hängen ab von der Größe der Hohlleitung im Verhältnis zur Wellenlänge der eingespeisten Wellen.

Die einfachste dieser Energieverteilungen nennt man „dominante" Anordnung oder gebräuchlicherweise auch *Grundwelle*. Sie wird in Abb. 47 an einer Rechteckhohlleitung gezeigt. Das elektrische Feld wird an den metallenen Seitenwänden „kurzgeschlossen" und fällt auf o ab. Andere möglicherweise vorkommende Energieverteilungen nennt man *Moden höherer Ordnung*. Ist die Breite der Hohlleitung kleiner als die Wellenlänge und die Höhe kleiner als eine halbe Wellenlänge, so können sich alle diese Moden höherer Ordnung nicht ausbreiten, sondern nur die Grundwelle pflanzt sich fort. Da aber die Grundwelle bei weitem am wichtigsten für die praktische Anwendung ist, werden wir die Moden höherer Ordnung nicht weiter erläutern. Eine weitere Voraussetzung für die Ausbreitung der Wellen in der Grundmode muß

gegeben sein: Die Breite des Leiters muß größer als eine halbe
Wellenlänge sein. Der Verlauf der Hohlleitung muß nicht gerade
sein; die Wellen können um Ecken und entlang von Spiralen geleitet werden. Die heute im Handel üblichen Hohlleitungssysteme
können Radiofrequenzen von 1—70 GHz übertragen.

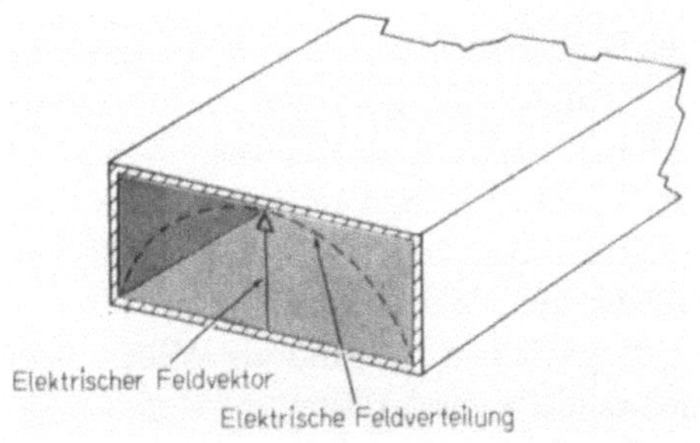

Abb. 47. In einer Rechteckhohlleitung ist das elektrische Feld in der Mitte
stark, an den Wänden schwach

Hohlleitungen ermöglichen die Übertragung von Radiowellen
über geringe Entfernungen mit vergleichsweise geringen Ver-
lusten. Außerdem wirkt die Hohlleitung als sehr gute Abschir-
mung und verhindert so eine gegenseitige Beeinflussung von sehr
hohen Energiesignalen, die sich in einer Hohlleitung ausbreiten,
und Signalen mit niedrigerer Amplitude in einer eventuell benach-
barten Hohlleitung. Die rechteckige Form der Hohlleitung sorgt
für die Erhaltung der Polarisation relativ zur Hohlleitungsziel-
richtung; d. h. die Wellenpolarisation bleibt senkrecht zur breiten
Wand des Leiters auch bei Torsionshohlleitungen erhalten. In
einer kreisförmigen Hohlleitung (Rundhohlleitung) bleibt die
Wellenpolarisation nicht erhalten; sie beginnt mit fortschreitender
Welle zu rotieren, wenn die Hohlleitung nicht ganz präzise rund ist.

Wellengeschwindigkeit

Mit den elektromagnetischen Wellen geschieht in der Hohlleitung etwas sehr Merkwürdiges: Die Energie wird langsamer, und
die Wellen werden schneller. So lange elektromagnetische Wellen
sich im freien Raum ungehindert ausbreiten, ist die Fortpflanzungsgeschwindigkeit der Energie dieselbe wie die Geschwindigkeit, mit
der Wellenberge und -täler sich ausbreiten. In Hohlleitungen muß

man jedoch diese zwei Geschwindigkeiten voneinander trennen, denn sie sind nicht gleich. Wir nennen die Ausbreitungsgeschwindigkeit der Energie *Gruppengeschwindigkeit*, die Geschwindigkeit, mit der Berge und Täler der Wellen sich ausbreiten, *Phasengeschwindigkeit*.

Man kann den Unterschied zwischen Gruppen- und Phasengeschwindigkeit beobachten, wenn ein Stein in einen ruhigen Teich geworfen wird. Es bilden sich kleine Wellen, die sich zu immer größer werdenden Kreisen erweitern. Wenn wir uns nun auf die Wellenberge und -täler konzentrieren, die diese größer werdenden Ringe bilden, stellen wir fest, daß sich diese kleinen Wellen selbst schneller nach außen bewegen als der Ring. Sie erwachsen scheinbar am Innenrand des Rings; wenn sie dann als Welle ausgebildet sind, bewegen sie sich schneller als der Ring und laufen an der Peripherie des Rings aus. Die Bewegungsgeschwindigkeit der Wellenberge und -täler (die höher ist als die des Rings selbst) entspricht der Phasengeschwindigkeit, wohingegen die Bewegungsgeschwindigkeit des Rings (der Energie) der Gruppengeschwindigkeit entspricht. Analog dazu ist die Lage innerhalb der metallischen Hohlleitung. Die Fortpflanzungsgeschwindigkeit der Wellenberge und -täler ist höher als die Fortpflanzungsgeschwindigkeit der elektrischen Energie. Die Phasengeschwindigkeit ist höher als die Wellengeschwindigkeit im freien Raum; die Gruppengeschwindigkeit ist niedriger als die Geschwindigkeit im freien Raum. Tatsache ist aber, daß das Produkt von Phasen- und Gruppengeschwindigkeit gleich ist dem Quadrat der Lichtgeschwindigkeit im freien Raum.

Bei der Betrachtung dieser ungewöhnlichen Welleneigenschaft innerhalb einer Hohlleitung interessiert uns die Wellengeschwindigkeit mehr als die Energie. Dementsprechend werden wir uns im folgenden nur mit der Wellen- oder Phasengeschwindigkeit beschäftigen. In Kapitel 1 hatten wir festgestellt, daß die Wellenlänge eines bestimmten Frequenzsignals direkt proportional der Geschwindigkeit ist. Eine höhere Wellengeschwindigkeit in einer Hohlleitung muß also eine größere Wellenlänge in der Hohlleitung zur Folge haben. Mit λ_0 bezeichnet man gewöhnlich die Wellenlänge im freien Raum, mit λ_G die Wellenlänge in einer Hohlleitung. Abb. 48 zeigt deutlich die „Streckung" der Wellenlänge der Radiowelle bei Eintritt in eine Hohlleitung.

Die Tatsache, daß in einer Hohlleitung die Phasengeschwindigkeit wächst, hat zur Entwicklung ungewöhnlicher Mikrowellenlinsen und anderer Wellen-„Brechungs"-Mechanismen geführt.
Wir erinnern uns, daß Sammellinsen aus Glas in der Mitte dick,
am Rande jedoch dünn sind. Diese Formgebung ist notwendig,

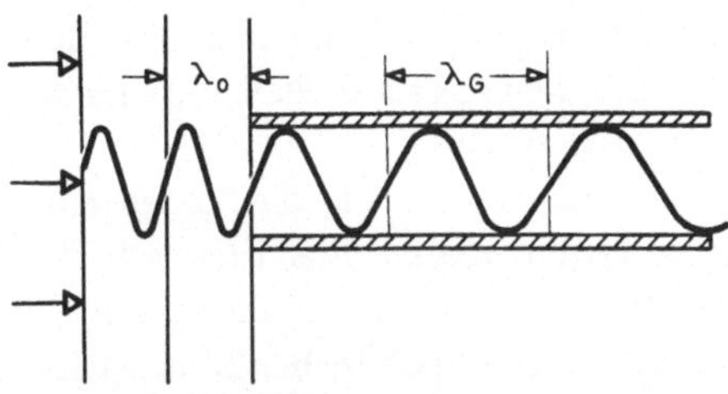

Abb. 48. Radiowellen aus dem freien Raum, die hier von links kommen, weisen
beim Eintritt in eine metallische Hohlleitung eine Vergrößerung der Wellenlänge auf

weil brechende Materialien (wie z. B. Glas) eine geringere Lichtgeschwindigkeit aufweisen als der freie Raum. Da jedoch Hohlleitungen eine *größere* Phasengeschwindigkeit als der freie Raum
erzeugen, wird aus der konvexen Linse bei der Verwendung von
Hohlleitungen eine konkave Linse. Eine solche Hohlleitungslinse
war schon in Abb. 23 zu sehen; Kapitel 7 befaßt sich ausführlicher
damit.

Rundhohlleitungen

Die besonderen Eigenschaften der Rundhohlleitungen machen
sie für einige spezielle Anwendungsgebiete interessant. Wir erwähnten bereits das Problem, die Orientierung der Polarisation
in Rundhohlleitungen aufrechtzuerhalten. Andererseits können
diese Hohlleitungen gerade deswegen Wellen jeder Polarisation
leiten, einschließlich zweier Wellen, deren Polarisationsrichtungen
einen rechten Winkel bilden. So können zwei Wellen, eine mit
vertikaler, eine mit horizontaler Polarisation, getrennt erzeugt
und wieder demoduliert werden, wobei jede mit einer verschiedenen Nachricht oder Information gefüttert sein kann. Da sie zusammen, aber unabhängig voneinander, in einer Hohlleitung übertragen werden können, stehen in einer Leitung zwei getrennte
Übertragungskanäle zur Verfügung.

Rundhohlleitungen werden auch zur Erzeugung interessanter Polarisationseffekte eingesetzt. Dabei nutzt man aus, daß die Wellengeschwindigkeit der Grundwelle in der Rundhohlleitung genau wie in der Rechteckhohlleitung abhängig ist vom Verhältnis des Durchmessers der Hohlleitung zur Wellenlänge. Wenn eine Rundhohlleitung eine elliptische Form hat, breiten sich die Wellen, die parallel zum kleineren Durchmesser polarisiert sind, mit einer anderen Geschwindigkeit aus als Wellen, die parallel zum größeren Durchmesser polarisiert sind.

Viele elliptische Rohre, die wie die Zellen einer Bienenwabe dicht aneinander liegen, zeigen eine Eigenschaft, wie sie einige optische Materialien, z. B. Turmalin, aufweisen. Diese optischen Materialien werden als „doppelbrechend" bezeichnet, weil sie die Lichtwellen einer Polarisation (z. B. der horizontalen) anders brechen als die Lichtwellen der entgegengesetzten (vertikalen) Polarisation. Die Brechungseigenschaften optischer Materialien werden durch den Brechungsindex gekennzeichnet, und wir erinnern uns, daß dieser wiederum in Beziehung steht zur Wellengeschwindigkeit innerhalb des Materials. Folglich ist bei einem *doppelbrechenden* Material die Wellengeschwindigkeit von der Polarisationsrichtung der Wellen abhängig. Da die Phasengeschwindigkeit von Mikrowellen, die durch eine Wabe aus elliptischen Rohren strömen, ebenfalls von der Polarisationsrichtung der Wellen abhängt, wirkt diese Wabenkonstruktion auf Mikrowellen wie doppelbrechendes Material auf Lichtwellen.

Bei angemessener Dicke von doppelbrechendem Turmalin wird die Polarisation von linear polarisierten Lichtwellen um 90° gedreht; ein halb so dickes Stück verursacht die Bildung von kreisförmig polarisierten Wellen. Die erste Anordnung nennt man $\lambda/2$-Plättchen (halbe Wellenlänge), letztere $\lambda/4$-Plättchen (viertel Wellenlänge). Wenn wir unsere elliptische Hohlleitungswabe auf einen Winkel von 45° ausrichten und annehmen, daß vertikal polarisierte Mikrowellen einfallen, werden wir ebenfalls feststellen, daß die Polarisation um 90° gedreht wird, nachdem die Wellen eine entsprechende Wegstrecke in dem elliptischen Rohr zurückgelegt haben. Zum leichteren Verständnis dieses Vorgangs müssen wir uns die ursprünglich vertikal polarisierte Welle aus zwei Wellen zusammengesetzt denken, die im Winkel von $\pm$ 45° zur Vertikalen polarisiert sind. Die nach der kleineren Achse der Ellipse ausgerichtete 45°-Welle pflanzt sich mit *hoher* Phasengeschwindigkeit, die andere 45°-Komponente dagegen mit *niedrigerer* Phasengeschwindigkeit fort. An einem bestimmten Punkt entlang des elliptischen Rohres hat die Welle hoher Geschwindigkeit die Welle niedrigerer Geschwindigkeit um eine halbe Wellenlänge überholt. Führen wir die zwei 45°-Polarisationen an diesem Punkt wieder zusammen, so stellen wir fest, daß der neue Vektor um 90° gegenüber dem ursprünglichen Vektor gedreht ist; d. h. die vertikal polarisierte Welle ist in eine horizontal polarisierte Welle umgewandelt worden. Folglich nennt man die elliptische Hohlleitungskonstruktion ein „Mikrowellen-$\lambda/2$-Plättchen". Wie in der Optik entsteht durch Halbierung des Plättchens in der Dicke ein $\lambda/4$-Plättchen. Linear polarisierte elektromagnetische Wellen können auf ähnliche Weise in kreisförmig polarisierte Wellen umgewandelt werden, wenn sie einen kurzen Abschnitt einer elliptischen Hohlleitung durchlaufen. Da kreisförmig polarisierte Mikrowellen sich für Anwendungen auf dem Gebiet des Radar besonders gut eignen, wollen wir an dieser Stelle einige grundlegende Prinzipien des Mikrowellen-Radar betrachten.

Radar

In der Mikrowellentechnik stellt das Radar eine der wichtigsten praktischen Anwendungen dar. Der Name ist eine Abkürzung von *Ra*dio *De*tection *and Ra*nging (Funkmeßverfahren), auch *Echoortung* genannt. Die Wirkungsweise kann folgendermaßen beschrieben werden: Ein Hochleistungssender strahlt einen sehr kurzen Mikrowellenimpuls in eine bestimmte Richtung ab. Ein in dieselbe Richtung ausgerichteter empfindlicher Empfänger versucht unmittelbar danach „Echos" dieser Mikrowellen zu empfangen, die z. B. von Schiffen oder Flugzeugen herrühren. Da Mikrowellen Nebel, Wolken usw. durchdringen und das Radar gleichermaßen gut nachts wie auch tagsüber arbeitet, hat es sich nicht nur für militärische Zwecke als sehr nützlich erwiesen, sondern auch für den zivilen Luft- und Seeverkehr.

Da Regenfronten oft die Radarsignale reflektieren, kam man zum Einsatz von kreisförmig polarisierten Mikrowellen. Einzelne Regentropfen reflektieren die Mikrowellen und bilden „Echos", die eine Trübung des Radarschirms verursachen. Diese Regenechos sind für gewisse Anwendungsgebiete nicht störend, im Gegenteil: Zahlreiche Zivilflugzeuge führen heute „Wetterradargeräte“ mit, die heftige Regen- oder Gewitterfronten lokalisieren und dem Piloten so die Möglichkeit geben, ihnen durch Kursänderung auszuweichen. Wenn dagegen ein Bodenradar zur Ortung von Luftzielen benutzt wird, erzeugt jedes Regenecho ein Interferenzsignal, das die Auffindung des Flugzeugs verhindern kann. Hier können nun kreisförmig polarisierte Wellen eingesetzt werden, die Regenechos unterdrücken und das Echo des Luftziels deutlich sichtbar machen. Die kugelförmige Gestalt der Regentropfen läßt die kreisförmig polarisierten Wellen praktisch unverändert zum Empfänger zurückkehren. Dagegen verursacht ein in seiner Gestalt unregelmäßiges Objekt, wie z. B. ein Flugzeug, eine gewisse „Depolarisation“ der kreisförmig polarisierten Wellen. Der Radarempfänger ist geeicht, kreisförmig polarisierte Wellen zurückzuweisen, depolarisierte Wellen dagegen auszuwerten, um so das Ziel sichtbar zu machen.

Dielektrische Hohlleitungen

Im Kapitel 4 erwähnten wir einen Mikrowellenstrahler, der aus einem in eine Metallhohlleitung eingeführten konischen dielektrischen Stab besteht. Zur Erinnerung sei nochmals gesagt, daß der Stab mit abnehmendem Durchmesser mehr und mehr Energie abstrahlt. Nehmen wir an, daß an Stelle des Stabes mit abnehmendem Durchmesser ein Stab von gleichbleibender Dicke in großen Längen benutzt wird. Wir stellen fest, daß praktisch keine Energie abgestrahlt wird, und der Stab nun als „Wellenleiter“ oder Übertragungsleitung fungiert. Dieser Leiteffekt eines dielektrischen Stabes ist die Folge der niedrigeren Wellengeschwindigkeit innerhalb des Stabes. Abb. 49 zeigt, wie die niedrigere Geschwindigkeit ein Umkippen der Wellenfronten verursacht und sich nun die Wellenenergie in dem Dielektrikum konzentriert. In Abb. 50 sehen wir eine dielektrische Übertragungsleitung mit einer Metallhohlleitung als Trichter. Eine zweite Metallhohlleitung am weit entfernten Ende der Leitung stellt die Empfangseinheit dar; die Mikrowellenenergie wird von dort aus weitergeführt, als hätte die Übertragungsleitung in ihrer Gesamtlänge aus einer Metallhohlleitung bestanden. Solche dielektrischen Wellenleitungen, z. B. aus flexiblem Polyäthylen, haben sich besonders bei Laborexperimenten zur Verbindung kleiner Hohlleitungen als sehr nützlich erwiesen.

Ein interessantes Anwendungsgebiet für dielektrische Wellenleitungen stellen Lichtwellen im sichtbaren Bereich dar. Hierbei

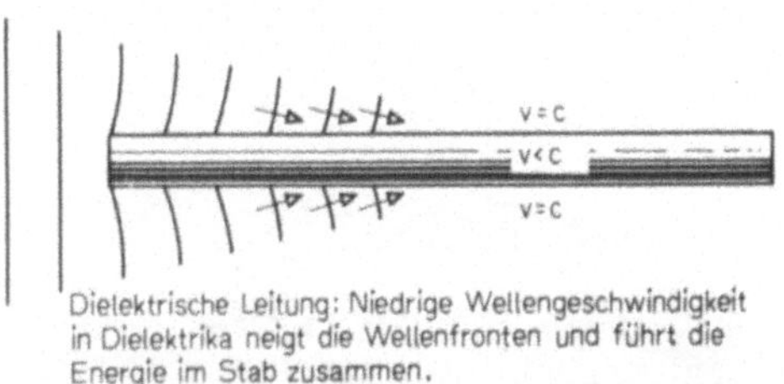

Abb. 49. Der „Sammeleffekt" eines dielektischen Stabes resultiert aus der innerhalb des Stabes niedrigeren Wellengeschwindigkeit, die die Wellenfronten nach innen umkippen läßt

rechnet man mit Wellenlängen von Millionstel cm; dementsprechend müssen die Leiterdimensionen auch extrem klein sein. Eine neuzeitliche Entwicklung, die Glasfiberoptik, benutzt dafür Bündel ganz feiner Glasfiberstäbe. Jede Fiber überträgt genau das Licht, das an einem Ende einfällt; man kann daher mit Hilfe des

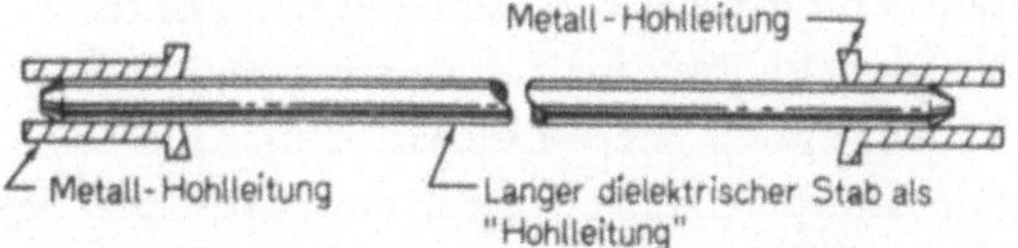

Abb. 50. Zwei Metallhohlleitungen können durch einen langen dielektrischen Stab miteinander verbunden werden

ganzen Bündels jedes Bild, das auf ein Ende (das Übertragungsende) des Bündels gerichtet ist, bildgetreu zum Empfangsende übermitteln. Diese Technik eröffnet unzählige Möglichkeiten, besonders da das Glasfiberbündel flexibel ist. Die exakten Leitungseigenschaften hat man durch Mikrofotografien der Energieverteilung innerhalb der Fibern nachgewiesen. Dabei wurden die verschiedenen elektromagnetischen Schwingungsverteilungen innerhalb der einzelnen Fibern deutlich sichtbar.

Bis jetzt haben wir nur Leitungen behandelt, die elektromagnetische Energie transportieren. In der Anwendung weniger nützlich, aber dennoch möglich, sind auch Leitungen, die Schallwellen transportieren. Mit ihrer Hilfe können wir nachweisen, daß es Schallwellen gibt, die Eigenschaften besitzen, die den Polarisationseigenschaften elektromagnetischer Wellen ähneln.

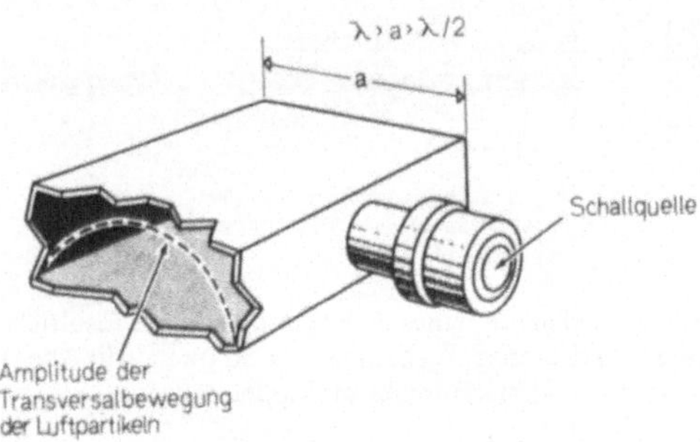

Abb. 51. Die akustische Transversalmode erster Ordnung hat eine transversale Geschwindigkeitsverteilung, die dem elektrischen Feld einer Radiowelle in einer Hohlleitung entspricht

Abb. 51 zeigt eine Rechteckhohlleitung mit einer Schallquelle an der Seitenwand. Wir installieren die Quelle in der Seitenwand, um eine transversale Schallwelle entlang des Rohres zu erzeugen. Schallwellen sind longitudinal, d. h. sie erzeugen nur eine Vor- und Zurückbewegung der Luftpartikeln; die Schwingungsbewegung der Luftpartikeln erfolgt in der Fortpflanzungsrichtung, nicht im rechten Winkel zu ihr. In der Abbildung ist die Größe der seitlichen Luftpartikelbewegung der Transversalwelle eingezeichnet. Die Seitenwände verhindern eine Transversalbewegung, so daß die transversale Partikelbewegung gleich Null ist. Wenn die Breite der Hohlleitung weniger als eine Wellenlänge, aber mehr als eine halbe Wellenlänge beträgt, kann es wie bei den Mikrowellen nur eine maximale seitliche Bewegung geben, und diese liegt in der Mitte der Hohlleitung. Wir stellen fest, daß diese Verteilung genau der (Verteilung) des elektrischen Feldes der elektromagnetischen Mode erster Ordnung in einer Rechteckhohlleitung entspricht. Die transversale Schallwelle weist auch die Eigenschaften der Phasen- und Gruppengeschwindigkeit elektromagnetischer Wellen auf. Es gibt jedoch einen Unterschied bei den akustischen Wellen: Die Longitudinalmode (Vor- und Zurückbewegung) kann sich ebenfalls ausbreiten. Durch geeignete Vorsichtsmaßnahmen kann man jedoch diese Mode ausschalten, um Polarisationseffekte mit der akustischen Transversalmode zu demonstrieren.

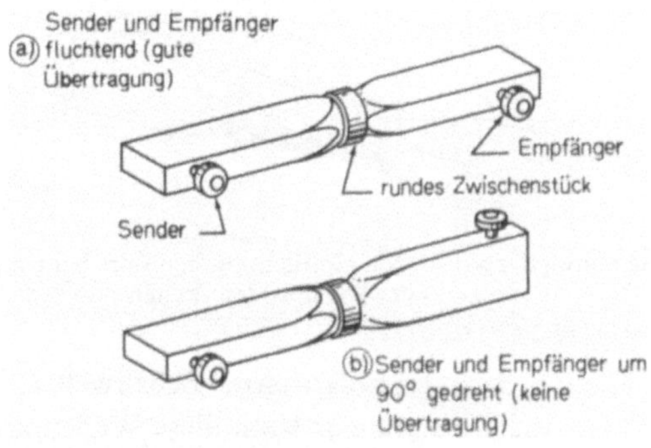

Abb. 52. Transversale Schallwellen besitzen Polarisationseigenschaften, die denen elektromagnetischer Wellen gleichen

Für unseren Versuch brauchen wir zwei Anordnungen, die transversale Schallwellen produzieren; eine dient als Sender, die andere als Empfänger (Abb. 52). Wenn beide miteinander verbunden und gleichgerichtet sind, ergibt sich eine zufriedenstellende Übertragung.

Wird jedoch eine Einheit um 90° gedreht, fällt das Empfangssignal aus. Die „Polarisations"richtungen beider Einheiten stehen im rechten Winkel zueinander; der Sender ist nicht in der Lage, die richtige transversale Luftpartikelbewegung in der Empfängereinheit zu induzieren. Den gleichen 90°-Polarisationseffekt zeigen zwei elektromagnetische Hohlleitungen.

Wir können den Versuch mit der elliptischen Leitung auch mit transversalen Schallwellen durchführen. Die ursprünglich in einer Rechteckhohlleitung erzeugten Wellen werden zuerst durch eine runde Leitung und dann in eine im Querschnitt elliptische Leitung geführt. Abb. 53 zeigt diesen Versuch. Wenn wir, wie bei den Mikrowellen, die Empfangseinheit um 45° drehen, erreichen wir unter Ausnutzung der Unterschiede in der Phasengeschwindigkeit eine 90°-Drehung der Ebene der transversalen Partikelbewegung. Wir erhalten ein akustisches $\lambda/2$-Plättchen. Wie bei den Mikrowellen und den optischen Wellen erhalten wir ein $\lambda/4$-Plättchen, wenn die Länge des elliptischen Rohres halbiert

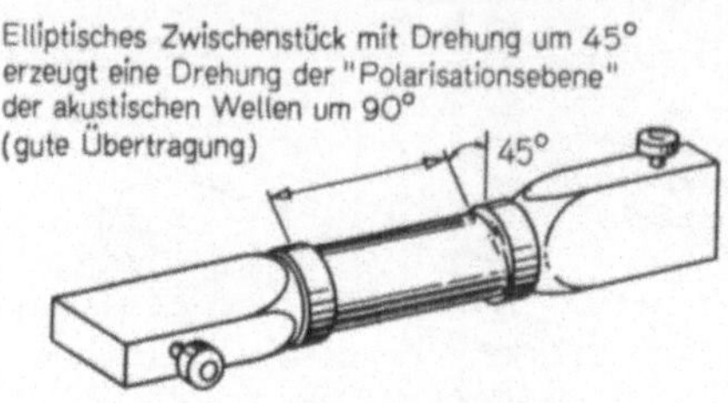

Abb. 53. Eine elliptische akustische Hohlleitung kann die Schwingungsebene transversaler Schallwellen drehen

wird. Es entstehen „zirkular polarisierte" Schallwellen. Der linear polarisierte akustische Empfänger kann diese Wellen unter jedem Winkel gleich gut empfangen.

Natürliche Wellenleitungen

In der Natur gibt es Gegenstücke zur dielektrischen Wellenleitung. Wir stellten fest, daß der Leitungseffekt im Dielektrikum darauf beruht, daß die Wellengeschwindigkeit im Dielektrikum geringer ist als in seiner äußeren Umgebung. Ein ähnliches Leiterverhalten kann man durch eine Konstruktion gewinnen, in der die Geschwindigkeit entlang der Achse niedrig ist, aber mit wachsendem Abstand von der Achse allmählich ansteigt (an Stelle der plötzlichen Geschwindigkeitszunahme an der Oberfläche des Dielektrikums). Dabei wird die Energie, die sich von der Achse weg ausbreitet, ständig zur Achse zurückgeworfen, wie Abb. 54a zeigt. In Abb. 54b sehen wir die „zusammenlaufende" Geschwindigkeitsstruktur, die wie eine Serie von Linsen wirkt.

In der Atmosphäre über der Erdoberfläche ändert sich der Wasserdampfgehalt oft mit der Höhe. Diese Schwankung erzeugt einen ausgesprochenen Leitungseffekt für Radiowellen, besonders für die kurzen Wellenlängen.

Wenn dieser Fall eintritt, gibt es ungewöhnlich weitreichende
Übertragungen. Die Wirkung des Radargerätes (im oberen Teil
der Abb. 55) kann erheblich gesteigert werden, wenn ein starker
meteorologischer Wellenleiter vorhanden ist; oft können Flugzeuge so in großer Entfernung ausgemacht werden, wenn sie sich
noch hinter dem Horizont befinden. Unter Normalbedingungen

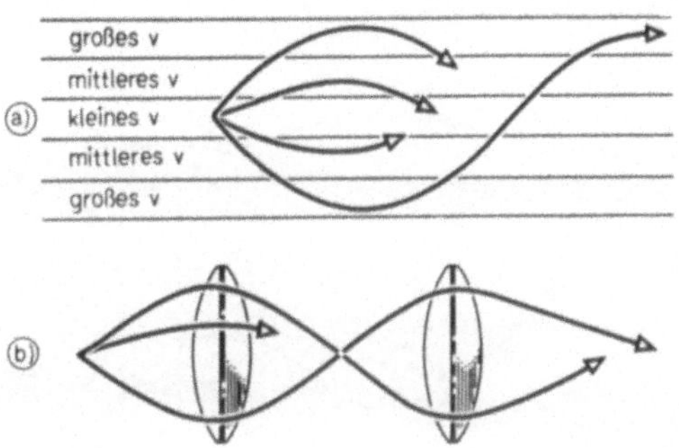

Abb. 54a u. b. Die richtige Geschwindigkeitsverteilung v innerhalb eines
Gebietes kann einen Wellenleitungseffekt erzeugen. Dieses Gebiet wirkt wie
eine Reihe von Linsen

können Flugzeuge oder andere Ziele jenseits des Horizonts nicht
„gesehen" werden, da die in der Radartechnik verwendeten Mikrowellen sich wie Lichtwellen in gerader Linie ausbreiten.

Die Schwankungen der Luftfeuchtigkeit und -dichte unserer
Atmosphäre beeinträchtigen auch die Ausbreitung von Schallwellen. Die Schallgeschwindigkeit in der Atmosphäre hängt vom
Feuchtigkeitsgehalt und der Dichte ab. In ziemlich großer Höhe
gibt es in der Erdatmosphäre einen relativ konstanten „Schallkanal", in dem der Schall kontinuierlich zur „Schallachse" zurückgeworfen wird, in der Art, wie wir es in Abb. 54 sahen. So können
wir auf Grund dieses akustischen Wellenleiters in unserer Atmosphäre extrem lauten Schall (z. B. Explosionen) in sehr großen
Entfernungen „hören". In der Atmosphäre ausgelöste große
Atombombenexplosionen können über Tausende Kilometer festgestellt werden; Abb. 56 zeigt die in 11500 km Entfernung auf-
genommene akustische Aufzeichnung einer Megatonnen-Atom-
explosion. Das Wort „hören" steht in Anführungsstrichen, da die
registrierten Schallwellen nur die Wellen ganz niedriger Frequenz

sind, die das menschliche Ohr nicht hören kann. Spezialinstrumente nehmen diese Schallwellen auf.

In großen Tiefen der Ozeane erzeugen die Schwankungen der Wassertemperatur entsprechend der Tiefe, zusammen mit der Erdanziehung, einen Schallkanal, der Unterwasserschallsignale bis in sehr große Entfernungen leitet (Abb. 56).

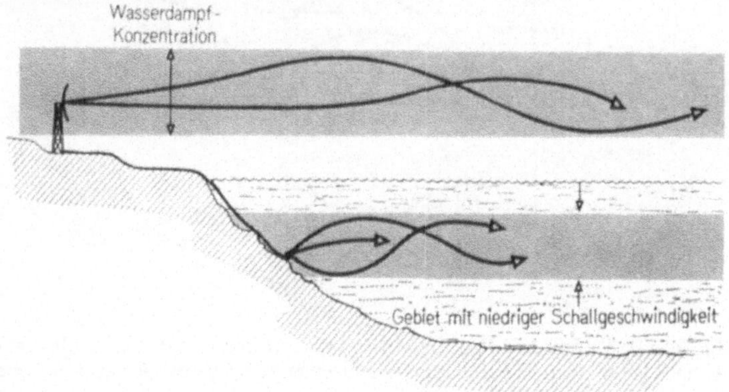

Abb. 55. Der Wellenleitungseffekt aus Abb. 54 existiert ständig für Schallwellen im tiefen Ozean und gelegentlich für Radiowellen in der Atmosphäre

Mit Hilfe dieses Schallkanals in tiefen Ozeanen hat man Unterwasserschallsignale über Hunderte von Kilometern gesendet und empfangen. Als die Vereinigten Staaten in der Tiefe des Pazifik eine Nuklearexplosion auslösten (Projekt Wigwam), hat man Echos der Detonationen, die der Schallreflexion von der Küste

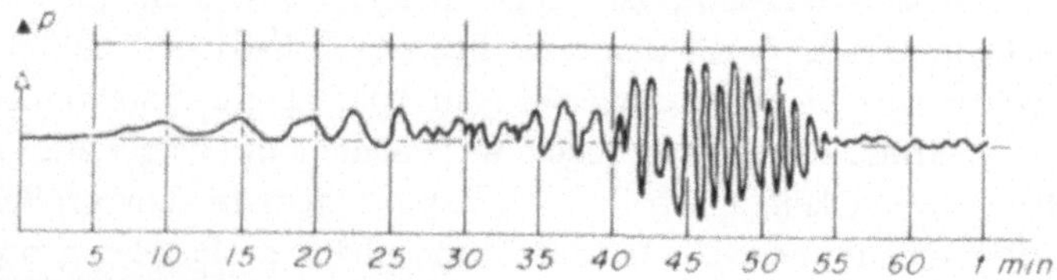

Abb. 56. Eine Atombombenexplosion in der Atmosphäre erzeugt sehr intensive Schallwellen. Diese Wellen werden in einem atmosphärischen Kanal, der die Erde umgibt, gefangen und können viele Kilometer entfernt wahrgenommen werden. Diese Abbildung zeigt eine Aufzeichnung der Druckschwankungen über der Zeit, ausgelöst durch eine Nuklearexplosion in 11 500 km Entfernung

66

Japans und Chinas entsprachen, vor der Küste von Kalifornien „gehört". Dieser tiefe Schallkanal hat sich für die Meteorologen als sehr nützlich erwiesen. Unterwasserhorchgeräte entdecken Geräusche, die im Zentrum eines Taifuns oder Hurrikans in Hunderten Kilometer Entfernung entstehen. Der Weg des Wirbelsturms kann verfolgt werden, indem man die Richtung oder Peilwinkeländerungen der Schallquelle aufzeichnet.

Die ungewöhnliche Übertragung von Radiowellen durch einen atmosphärischen Kanal wird „anormale Ausbreitung" genannt. Der von dem Ozeanographen Maurice Ewing entdeckte tiefe Schallkanal im Ozean heißt „Sofar-Kanal" (Sofar = *So*und *f*inding *a*nd *r*anging = Schallmeßverfahren).

Kapitel 6

Wellenbilder

Im Kapitel 4 untersuchten wir die Wellenabstrahlung in bezug auf die Sender: Trichter, Linsen und Strahleranordnungen. Wir wenden uns nun den Wellenbildern zu, die diese Strahler im Raum erzeugen.

Der optische Schlitz

Zuerst betrachten wir den Fall, daß die Energie (und die Phase) über die Gesamtfläche des Strahlers gleichförmig verteilt ist. Abb. 57 zeigt diese Situation: Eine entfernte Licht- oder Schallquelle beleuchtet einen Schlitz in einem undurchsichtigen Bildschirm. Wir wollen untersuchen, welches Strahlungsbild in der dunklen Zone (der Schattenzone) hinter dem Schirm besteht.

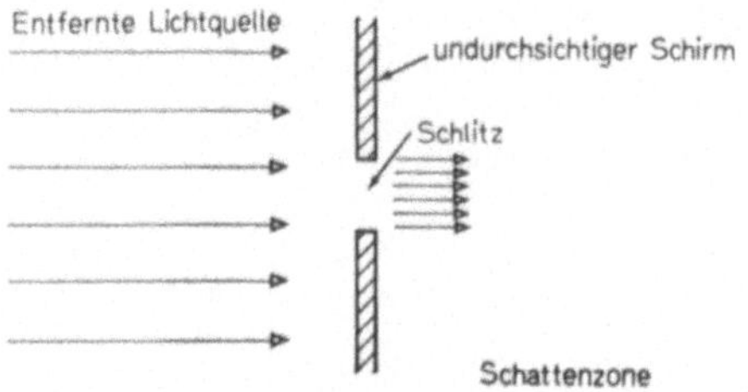

Abb. 57. Wenn ein Schlitz in einem undurchsichtigen Schirm von einer entfernten Lichtquelle beleuchtet wird, ist die Energieverteilung auf der ganzen Breite des Schlitzes gleichförmig. Die kreisförmigen Wellenfronten der Quelle können, da diese weit entfernt ist, als eben (d. h. mit konstanter Phase) am Schlitz angesehen werden

Abb. 58 zeigt, wie die durch den Schlitz austretende Strahlung auf einem zweiten Schirm ein helles Bild erzeugt. Es weist eine besonders helle Zone in der Mitte auf, umgeben von einer Reihe Maxima und Minima. Abb. 59 zeigt dieses Muster; wir finden wieder die charakteristischen Nebenkeulen, die wir schon in den

Abb. 16 und 27 sahen. Die Breite eines Strahls, der beim Passieren der Wellen durch einen Schlitz entsteht, ist umgekehrt proportional zur Öffnung oder Breite des Schlitzes *a* und direkt proportional zur Wellenlänge λ. In Grad ausgedrückt: Die Keulenbreite

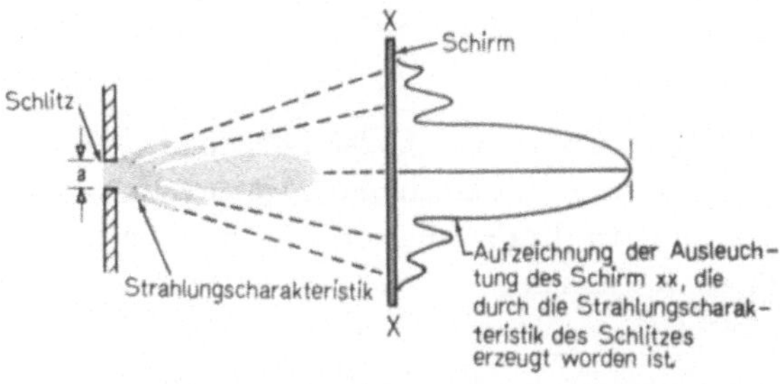

Abb. 58. In der Schattenzone hinter der undurchsichtigen Wand in Abb. 57 erscheint das durch den Schlitz fallende Licht in Keulenform. Ein zweiter Schirm zeigt deutlich, daß die Beleuchtung in der Mitte am stärksten ist und zu den Seiten abfällt

ist 51 λ/a, wenn für *a* und λ die gleichen Dimensionseinheiten verwendet werden.

Wir wollen mit Hilfe dieser Formel 51 λ/a Keulenbreiten für verschiedene Situationen berechnen: Zuerst die theoretische Keulen-

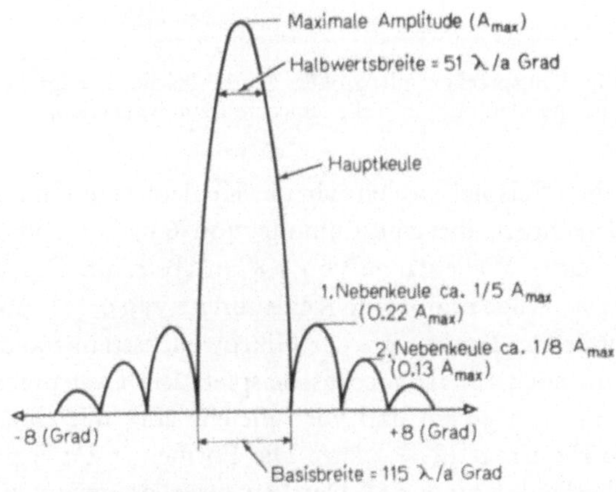

Abb. 59. Das Bild der Beleuchtungsintensität auf dem zweiten Schirm aus Abb. 58 ist hier aufgezeichnet, um die tatsächlichen Größenverhältnisse der Keulenbreite und der Nebenkeulen zu verdeutlichen

breite des 5 m großen optischen Teleskops im Mount-Palomar-Observatorium in Kalifornien. Im Kapitel 1 stellten wir fest, daß violettes Licht eine Wellenlänge von ca. 40 Millionstel cm hat. Für violettes Licht und den 500-cm-Spiegel gilt also

$$51\,\frac{\lambda}{a} = 51 \cdot \frac{40}{1\,000\,000} \cdot \frac{1}{500} = \frac{4}{1\,000\,000}$$

d. h. ungefähr 4 Millionstel Grad. Diese Rechnung besagt, daß das 5-m-Teleskop, wenn es mit kohärentem violetten Licht einheitlich erregt wird, in einer Entfernung von 100 000 km eine Keulenbreite von ca. 400 m hat.

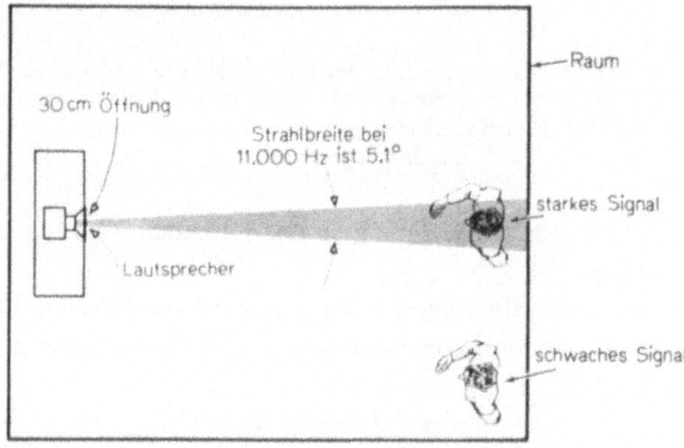

Abb. 60. Ein Lautsprecher mit großer Abstrahlfläche erzeugt bei hohen Frequenzen nur eine sehr schlechte Raumbeschallung

Als zweites Beispiel wollen wir die Keulenbreite einer Radioantenne berechnen, die eine Öffnung von 6 m hat und Mikrowellen mit einer Wellenlänge von 1,8 cm abstrahlt. Die Berechnung $51 \cdot 1,8 \cdot 1/600$ ergibt eine Keulenbreite von $0,15°$. An einem 100 km entfernten Punkt wäre der Mikrowellenstrahl 260 m breit. Zum Schluß noch ein akustisches Beispiel: Ein Lautsprecher hat eine Öffnung von 30 cm und wird gleichmäßig mit einem Ton von 11 000 Hz erregt ($\lambda = 3$ cm). Die Formel $51\,\lambda/a$ ergibt eine Lautsprecherkeule von nur $5°$. Der Lautsprecher erzeugt also eine schlechte Raumbeschallung bei hohen Frequenzen, da er die meiste Energie in einem sehr schmalen Kegel abstrahlt (Abb. 60).

Wenn wir den Schlitz in dem undurchsichtigen Schirm aus Abb. 58 durch eine quadratische Öffnung ersetzen, stellen wir fest, daß das Keulenmuster aus Abb. 58 jetzt in zwei Ebenen (vertikal und horizontal) auftritt und ein „bleistiftförmiges" Strahlenbündel entsteht. Gehen wir dann über zur Rechtecköffnung mit den Dimensionen a_1 und a_2, so setzen wir nur die Öffnungsweiten

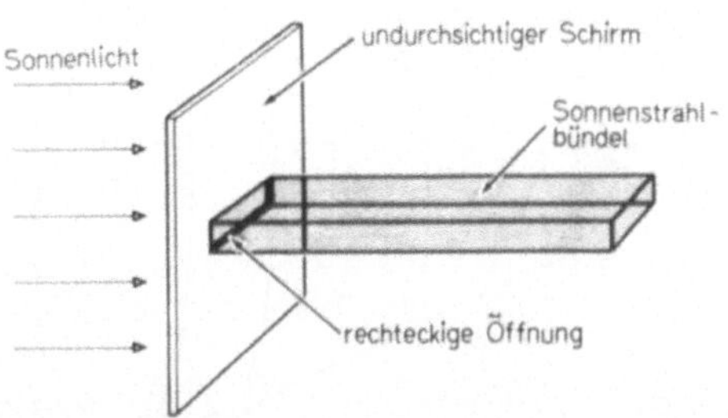

Abb. 61. Sonnenlicht, das durch eine Rechtecköffnung fällt, erzeugt einen rechteckigen Lichtstrahl, dessen Ausrichtung der Öffnung entspricht

a_1 und a_2 in die Formel 51 λ/a ein, um die Keulenbreite in jeder Ebene zu berechnen. In diesem Fall hat die Keule einen ovalen Querschnitt (oft auch Fächerkeule genannt).

Diese bisher festgestellte Verhaltensweise bringt bei der Rechtecköffnung eine interessante, oftmals verwirrende Tatsache. *Der ovale Strahl einer Rechtecköffnung ist nicht so ausgerichtet, wie wir es erwarten.*

Abb. 61 zeigt einen Sonnenstrahl, der durch eine Rechtecköffnung in einem undurchsichtigen Schirm entstanden ist. Wir sehen, daß die Strahlabmessungen und die Ausrichtung genau der Öffnung entsprechen. Abb. 62 zeigt einen Trichter mit einer rechteckigen Öffnung der Dimension a_1 (klein) und a_2 (groß). Die Strahlbreite, festgelegt durch 51 λ/a, ist groß an der kleineren Trichterkante a_1 und klein (schmaler) an der großen Kante a_2. Die Keule ist also hier um genau 90° gedreht im Vergleich zur Ausrichtung des Sonnenstrahls. Wir werden jedoch sehen, daß der Sonnenlichtstrahl seine Richtung beibehält, wenn beide Öffnungsabmessungen im Verhältnis zur Wellenlänge riesig groß sind und wenn wir das Bild im *Nahfeld* beobachten. Wir sind so nah an der Öffnung, durch die der Sonnenlichtstrahl fällt, daß sich das Bild, das wir an einem entfernteren Punkt vorfinden würden, noch nicht stabilisiert hat. Dieser Effekt soll später im Kapitel noch ausführlich behandelt werden. Das *Fernfeld* bei dem Sonnenlichtbeispiel existiert nur in ungeheurer Entfernung von der

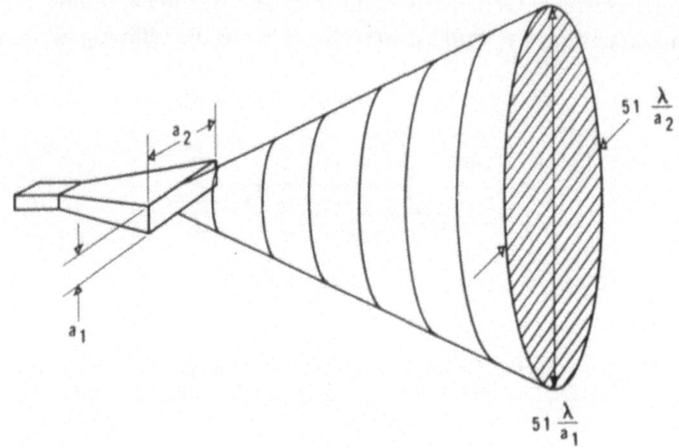

Abb. 62. Ein rechteckiger Schallwellen- oder Mikrowellentrichter erzeugt einen Strahl mit ovalem Querschnitt, dessen Ausrichtung *nicht* der Ausbreitungsrichtung der Öffnung entspricht

Öffnung. Dort jedoch würde auch der Sonnenlichtstrahl die Gestalt zeigen, die wir in Abb. 62 sehen: Der schmalere (stärkere) Strahl entspricht der breiteren Öffnungsdimension.

Antennengewinn

Es ist sinnvoll, in einem Richtdiagramm zu beschreiben, wie effektiv ein Strahler seine Energie konzentrieren kann. Der Begriff *Gewinn* wird außerdem benutzt, um die Verbesserung eines Strahlers gegenüber einem Bezugsstrahler ohne ausgesprochenen Strahleffekt zu beschreiben. Dieser Bezugsstrahler, der gleichmäßig in alle Richtungen strahlt, wird *isotroper* Strahler genannt. Der Gewinn eines Breit-(Quer-)strahlers ist proportional zu seiner Fläche und umgekehrt proportional zum Quadrat der Wellenlänge.

Ein quadratischer Strahler mit einer Seitenlänge von 100 Wellenlängen kann seine Energie bis zu einem entfernten Punkt 120000-

mal effektiver bündeln als ein isotroper Strahler. Anders ausgedrückt: Wenn die Energie in dem quadratischen Strahler um den
Faktor 120000 reduziert würde, könnte das abgestrahlte Signal
immer noch genauso gut empfangen werden wie von einem
isotropen Strahler, der die ursprüngliche Energie überträgt.

Da der „Gewinn" beim Empfang genauso wirksam wie beim
Abstrahlen oder Senden ist, profitiert eine Sendestrecke vom

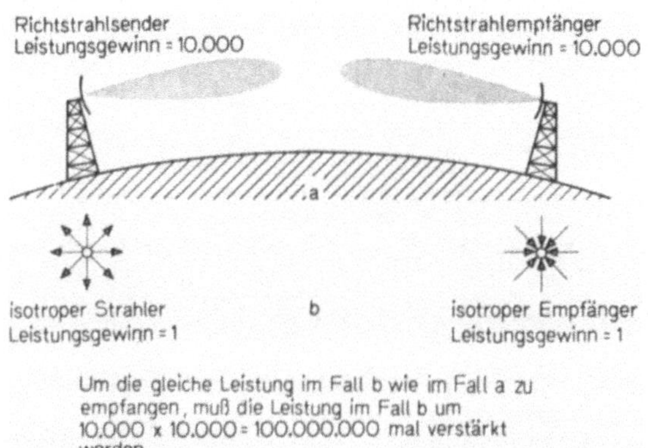

Abb. 63. Für Fernseh- und Telefonverbindungen werden sehr häufig Mikrowellen-Relaisstationen im Abstand von 40—50 km eingesetzt. Sende- und
Empfangs-Hornstrahler-Linsenantennen mit hohen Gewinnen ermöglichen
den Einsatz von Sendern mit sehr niedrigem Pegel

Produkt der Gewinne der Sende- und Empfangsantenne. Bei
den Rundfunkübertragungsfrequenzen sind die Wellenlängen so
groß, daß hohe gewinnbringende Senderkonstruktionen nicht
möglich sind. Rundfunksender übertragen eine Menge elektrischer Energie, die in die Hunderttausende Watt geht. Im
Gegensatz dazu verbrauchen Mikrowellensender nur eine Energie von wenigen Watt. Dabei werden Wellenlängen von einigen
cm Länge und Sende- und Empfangsantennen von ca. 3 m Öffnung benutzt. Einzelne Strahler erzielen Gewinne bis zu 10000
und zeigen Gewinn*produkte*, die 100 Millionen überschreiten (s.
Abb. 63).

Mit der noch jungen Entdeckung des *Lasers* oder dem optischen
Maser ist es möglich geworden, Lichtwellen mit einem hohen Grad
an Kohärenz zu erzeugen. Die bisher angestellten, verschiedenen

Betrachtungen über Gewinn und Strahlbreite gelten ebensogut auch für jede kohärente Strahlung. Dennoch erzielen die extrem kurzen Wellenlängen der Lichtwellen in einem Laser außergewöhnlich hohe Gewinne. Wie wir sahen, ist der Gewinn umgekehrt proportional zum Quadrat der Wellenlänge.

In Abb. 59 beobachteten wir die starken Nebenzipfel in dem Bild eines gleichmäßig mit Energie erregten oder beleuchteten

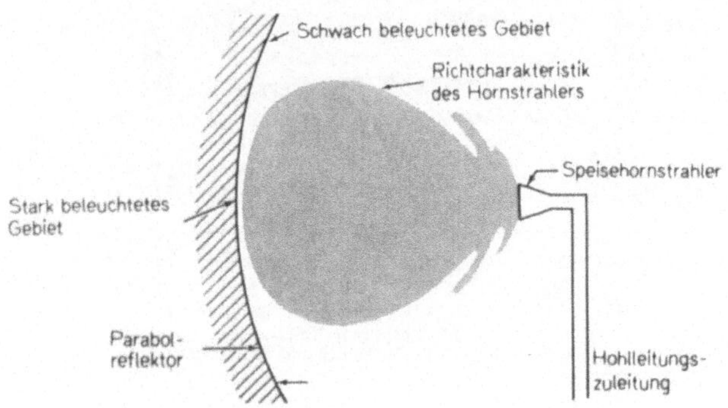

Abb. 64. Ein kleiner Trichter, ausgerichtet auf den Brennpunkt eines Parabolreflektors, erzeugt eine verjüngte Belegung wegen des Richtungseffekts, den auch ein kleiner Trichter aufweist

Schlitzes. Bei einigen Anwendungen sind diese Nebenkeulen unerwünscht, und man kann sie durch das Verfahren der sich verjüngenden Flächenbelegung unterdrücken. So wird z. B. beim Radar, wenn ein *Parabolspiegel* als Radarantenne benutzt wird, die Hohlleitung in ihrem Brennpunkt mit einem Trichter versehen, dessen Richtvermögen zu einer verjüngten Flächenbelegung führt. Durch den Trichter wird die abgestrahlte Energie mehr im Zentrum des Spiegels konzentriert als an den Seiten (Abb. 64), und der Seitenzipfel wird reduziert.

Verjüngungen haben einen Nachteil: sie verringern den Gewinn der Öffnung. Maximalgewinn erfordert einheitliche Ausleuchtung. Da jedoch die Nebenzipfel eine beachtliche Bedeutung haben, werden Gewinne in der Mikrowellentechnik von der Hälfte des Maximalwertes noch akzeptiert.

Es ist bereits erwähnt worden, daß das Bild in Abb. 59 von einem entfernten Punkt aus beobachtet wurde. Das Gebiet fern vom Strahl heißt nach dem 1826 gestorbenen deutschen Forscher *Fraunhofer*sches Gebiet. In der Nähe des Strahlers weist das Bild ausgeprägte Unterschiede im Erscheinungsbild auf; das Fernfeld, oder die Fraunhofer-Zone, gilt erst in einer Entfernung, die $2a^2/\lambda$ übersteigt, als ausreichend stabilisiert. Für eine 100 Wellenlängen große Öffnung beginnt das Fraunhofersche Gebiet also erst an einem Punkt, der 20000 Wellenlängen vom Sender entfernt ist. Für eine Öffnung in der Größe 5 Wellenlängen beginnt es bei einer Entfernung von 50 Wellenlängen.

Das Nahfeld des Strahlers wird nach einem Zeitgenossen Fraunhofers, dem französischen Ingenieur und Wissenschaftler Augustin Jean Fresnel, benannt. Es reicht von der Öffnung bis zu einer Entfernung, die gleich $a^2/2\lambda$ ist, d. h. bis zu einem Punkt, der ein Viertel der Wegstrecke bis zum Anfang der Fraunhoferschen Zone entfernt ist. Das Gebiet zwischen $a^2/2\lambda$ und $2a^2/\lambda$ wird *Übergangszone* genannt.

In unmittelbarer Nähe der Strahleröffnung ist die Strahlungsintensität die gleiche wie in der Öffnung selbst. Wie der Sonnenstrahl in Abb. 61 der Rechtecköffnung entspricht, die ihn erzeugt, so weist auch die Strahlung unmittelbar hinter dem Schlitz in Abb. 58 die gleiche einheitliche Intensitätsverteilung auf wie im Schlitz selbst.

So wie ein Wasserstrahl, der unter hohem Druck aus einem Feuerwehrschlauch austritt, zylindrisch und im Querschnitt gleich dem Schlauchquerschnitt und seiner Düse bleibt, so behält auch ein austretender Lichtstrahl seinen Querschnitt für eine gewisse Strecke, nachdem er aus der Öffnung ausgetreten ist. Genau wie der Wasserstrahl allmählich in einem breiteren Strahl versprüht, so beginnt in einiger Entfernung von der Öffnung auch der Lichtstrahl sich auszubreiten und erzeugt dabei das Bild, das dann in großer Entfernung beobachtet wird. Diese Beibehaltung des Querschnitts (des Wasser- oder Lichtstrahls) wird „Kollimation" genannt. Wenn die Wellen durch den Schlitz treten, bleiben sie für eine Weile justiert, und innerhalb des Fresnel-Gebietes gibt es nur eine ganz geringe Energiestreuung. Die Amplitudenverteilung verschiebt sich allmählich von dem Einheitswert in unmittelbarer Nähe des Strahlers zu seiner endgültigen Ausleuchtung, wie sie in dem entfernten Fraunhoferschen Gebiet zu beobachten ist.

Wir wissen nun, warum der Sonnenstrahl in Abb. 61 die Gestalt des Rechteckschlitzes, der ihn erzeugte, beibehält. Da Lichtwellenlängen in Millionstel cm gemessen werden, erstreckt sich das Fresnel-Gebiet für Öffnungen von cm-Größe bis auf Millionen cm oder viele km von der Öffnung. Der Strahl, den wir beobachten, befindet sich im *extremen* Nahfeld, wo nur eine vernachlässigbar kleine Strahlverbreiterung stattgefunden hat.

Divergierende Wellenbilder

Bisher haben wir nur solche Strahler betrachtet, die dazu bestimmt sind, ebene Wellenfronten zu erzeugen mit dem Ziel, Energie über große Entfernungen in einer bestimmten Richtung zu übertragen. Das ist genau das Gegenteil von dem, was man von einem Lautsprecher erwartet. Ein Lautsprecher sollte den Schall gleichmäßig über den ganzen Raum abstrahlen und nicht in eine bestimmte Richtung zielen. Um aber bei niedrigeren Frequenzen noch wirkungsvoll zu arbeiten, müssen Lautsprecher im allgemeinen eine ziemlich große Öffnung haben, was wiederum zur Folge hat, daß sie für hohe Frequenzen mit kurzen Wellenlängen eine starke Richtwirkung aufweisen. Wir haben in Abb. 16 gesehen, welche Richtwirkung ein Trichter mit einer Öffnung von 16 cm bei 9000 Hz hat.

Um dieses Problem zu beseitigen, kann man z. B. mehrere Lautsprecher einsetzen, um die große Frequenzbreite des hörbaren Schalls zu erfassen. Dabei können dann die Strahler-Einheiten für hohe Frequenzen kleiner und deshalb weniger gerichtet sein. Lautsprecher für hohe Frequenzen können auch mit Rechtecköffnungen hergestellt werden. Dann kann man, wie wir in Abb. 62 sahen, die Schmalseite (mit dem breiten Strahl) in horizontaler Richtung im Raum ausrichten und so 90—180° der Horizontaldimension des Raumes beschallen. Die stärker gerichtete große Öffnung ist dann vertikal ausgerichtet. Da die Ausleuchtung des Raums in vertikaler Ebene aber weniger wichtig ist, schadet diese Ausrichtung nicht. Es ist interessant festzustellen, daß bis vor kurzem,

76

wahrscheinlich wegen der o.g. Verwirrung, rechteckige Hochtonlautsprecher immer so ausgerichtet wurden, wie Abb. 62 zeigt.
Jeder nahm an, daß die Längsöffnung auch den breiteren Strahl

Abb. 65. Die ebenen Wellenfronten in dem Strahl in Abb. 16 sind für die Richtwirkung verantwortlich (oben). Eine akustische Streulinse erzeugt gekrümmte
Wellenfronten und verbessert damit den Winkel der Schallstrahlung (unten)

formte. Heute ist diese Methode weitgehend, wenn auch wider-
willig, korrigiert worden, und in besseren High-Fidelity-Geräten
sind die Hochtonlautsprecher mit Rechtecköffnung immer mit der
langen Seite vertikal ausgerichtet.

Ein zweiter Weg, die Richtwirkung zu vermeiden, besteht darin, mit Hilfe einer Streulinse gekrümmte Wellenfronten an der Lautsprecheröffnung zu erzeugen. Wie die zerstreuende Glaslinse in der Optik eine Zerstreuung der Lichtstrahlen verursacht (im Gegensatz zur Konvergenz oder Konzentration von Strahlen mit

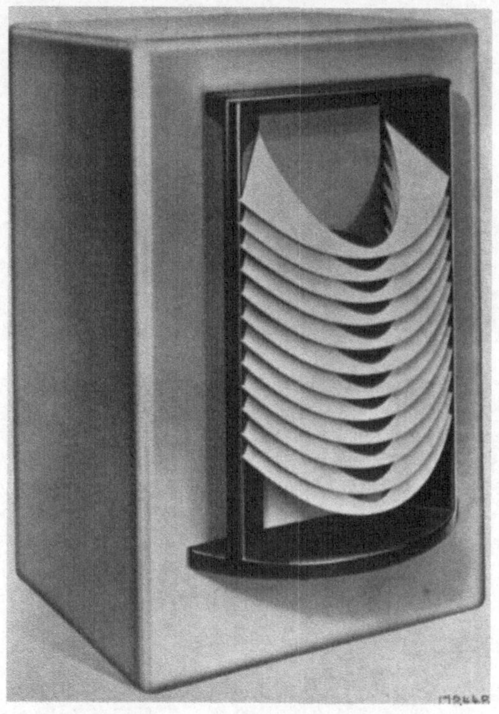

Abb. 66. Eine zerstreuende akustische Linse vor einem Lautsprecher verhindert den Bündelungseffekt, der normalerweise bei Schall höherer Frequenzen auftritt

Hilfe einer gewöhnlichen Sammellinse), so zerstreut eine divergierende akustische Linse die akustische Energie, die aus dem Lautsprecher kommt. Damit wird eine bessere Raumbeschallung möglich, wie Abb. 65 zeigt. Es wird hier deutlich, daß ein trichterförmiger Strahler eine Ausrichtung oder Konzentration der Energie in der Richtung, in die er zeigt, verursacht, da er relativ ebene

78

Wellenfronten erzeugt. Wenn jedoch vor den Trichter eine Streu-linse montiert wird, entsteht an der Öffnung eine stark gekrümmte Wellenfront, aus der eine deutliche Verbesserung der räumlichen Schallausbreitung des Lautsprechers (oder in diesem Fall des Trich-ters) resultiert. Dieselbe Linse kann auch den Bündelungseffekt anderer Lautsprechertypen verändern. Abb. 66 zeigt die Linse vor einem Kegellautsprecher, die gleich in dessen Gehäuse eingebaut ist.

Richtdiagramme von inkohärenten und kohärenten Lichtquellen

Ein Unterschied, der zumindest noch bis vor kurzer Zeit zwi-schen Licht auf der einen und Schall- und Mikrowellen auf der anderen Seite bestand, betrifft die Kohärenz der Quellen dieser drei Strahlungsarten. Das Wort „Kohärenz" selbst hat verschiedene Be-deutung; zum besseren Verständnis werden wir diese Eigenschaf-ten der Kohärenz an Hand von Beispielen zu klären versuchen.

Auf dem Gebiet des Schalls oder der Mikrowellen können wir Lautsprecher bzw. Antennen von der Größenordnung einer Wellenlänge oder kleiner bauen. So haben die Hohlleitungen für Radiowellen, die wir früher diskutierten, Querschnittsdimensio-nen, die einer Wellenlänge entsprechen. In der Akustik ist es ebenfalls technisch möglich, Schallerzeuger fast jeder Größe zu bauen. Lichtwellenlängen sind dagegen so winzig, daß allein der Gedanke, einen „Lichtwellenerzeuger" von der Größenordnung einer Lichtwellenlänge zu bauen, absurd wäre. Doch gerade die Möglichkeit, bei den Mikrowellen mit einem kleinen Wellen-erzeuger forschen zu können, war die Grundlage für die Fort-schritte bei den hohen Gewinnwerten und schmalen Strahlungs-keulen, die von der Theorie schon vorhergesagt worden waren. Mit der Hilfe eines Strahlers der Größenordnung einer Wellen-länge sowie von Trichtern in Verbindung mit Linsen oder para-bolischen Reflektoren ist es möglich, eine Wellenfront mit ganz homogener Phase in der Größe des Strahlers zu formen. Die Strahl-breite wird dann nur von der letzten abstrahlenden Fläche im Ver-hältnis zur Wellenlänge bestimmt.

Da gewöhnliche Lichtquellen, wie z. B. Lichtbögen oder Glüh-lampen, eine im Verhältnis zur Wellenlänge extrem große Leucht-fläche haben, kann auch ein optisch noch so perfekter Parabol-reflektor keinen „perfekten" Strahl erzeugen. Das ausgedehnte

Feld der Lichtquelle erzeugt automatisch breite Strahlen. Das Ausmaß der Verbreiterung kann direkt aus dem geometrischen Verhältnis ermittelt werden, das zwischen der Größe des Strahlers, der Reflektorgröße und der Brennweite des Reflektors besteht.

Nehmen wir an, wir haben die Wahl zwischen zwei Lichtquellen: die eine ist ein Lichtbogen mit einer Leuchtfläche von ca. 1 cm Durchmesser, die andere ein Leuchtstab aus Spezialglas oder aus Rubin auch mit 1 cm Durchmesser.

Nehmen wir weiter an, daß ein entscheidender Unterschied besteht in der Art und Weise, wie das Licht an den beiden 1 cm großen Flächen entsteht. Im Lichtbogen bildet sich das Licht willkürlich an Millionen kleinster Punkte am Krater des Bogens aus. Jede dieser winzigen Lichtquellen ist unabhängig von den anderen; in der Phasencharakteristik, der Amplitudencharakteristik und in der Zeit. Nehmen wir auf der anderen Seite an, daß alles Licht, das von der Endfläche des leuchtenden Stabes ausgeht, das Ergebnis ebener Lichtwellen ist und daß dieses von dem Stab abgestrahlte Licht die gleiche Gestalt hat wie die ebenen Schallwellen, die auf der rechten Seite der Linse in Abb. 33 austreten.

Die Wellen des Lichtbogens werden inkohärent genannt, weil jede kleine unabhängige Quelle höchst willkürlich mit allen ihren Nachbarquellen interferiert. Die Wellen, die aus dem beschriebenen Rubinstab austreten, sind dagegen kohärent, d. h. jedes Element der Welle hat eine bestimmte und gleichphasige Beziehung zu seinen Nachbarelementen.

Vor gar nicht langer Zeit war diese fiktive kohärente Lichtquelle tatsächlich nur hypothetisch denkbar. Heute findet man den Rubinstab—oder Glasstab-Laser — in Laboratorien auf der ganzen Welt. Ein extrem hoher Grad an Kohärenz kann mit dem Stab-Laser erzeugt werden, der jedoch mit größerer Kohärenz noch vom Gas-Laser übertroffen wird.

Die großen Arbeitsmöglichkeiten mit kohärenten Lichtwellen von einem Rubinstab werden deutlich, wenn man bedenkt, daß aus der 1 cm großen Abstrahlfläche des Stabes nach der Formel 51 λ/a eine Strahlbreite von zwei tausendstel Grad resultiert. Außerdem können die von einem Laser abgestrahlten ebenen Lichtwellen auf einen Punkt gebündelt werden, wie wir es bei anderen Wellen in Abb. 34 gesehen haben. Man kann Brennpunktflächen von der Ausdehnung einiger Lichtwellenlängen erzeugen, und diese außerordentliche Energiekonzentration auf ganz geringe Flächen kann sehr ungewöhnliche Wirkungen hervorrufen.

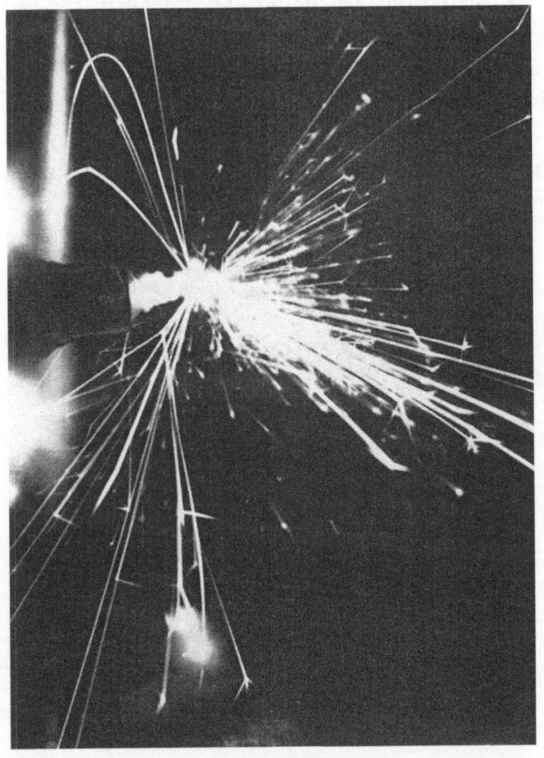

Abb. 67. Eine Stahlrasierklinge löst sich auf, wenn die kohärenten Lichtwellen eines Rubinlasers mit ihrem Brennpunkt genau auf sie gerichtet sind

Das Photo in der Abb. 67 zeigt die Wirkung eines gebündelten Lichtstrahls aus einem Laser auf eine Stahlrasierklinge. Die Punktkonzentration der Lichtenergie ist so groß, daß das Metall zerfällt.

Die winzige Brennfläche, die durch Bündelung eines Lasers auf einen Punkt entsteht, kann man als neue Lichtquelle mit extrem kleinen Dimensionen betrachten. Damit haben wir die Grenzen,

die in der Vergangenheit den Lichtquellen gesetzt waren, über-
schritten. Die Lichtstrahlen, die wir jetzt erzeugen können, indem
wir eine solche Lichtquelle von der Größenordnung einer Wellenlänge auf den Brennpunkt eines Parabolspiegels oder einer Linse
ausrichten, bieten die gleiche Vollkommenheit, die wir auf den
Gebieten der Mikrowellen- und Schallwellenstrahlen bereits haben.
Noch mehr als in der Vergangenheit vermischen sich die Phänomene Licht, Schall und Hochfrequenz; Physiker, die auf dem
Gebiet der Lichtwellen arbeiten, profitieren heute in großem Maße
von den Erkenntnissen der Mikrowellen- und Akustik-Wissen-
schaftler.

Kapitel 7

Linsen

Nachdem wir uns im Kapitel 3 mit der Brechung von Wellen an Prismen und Linsen beschäftigt haben, wollen wir uns nun einigen Materialien und Strukturen zuwenden, die in der Optik Lichtwellen, im Höchstfrequenzgebiet Mikrowellen und in der Akustik hochfrequente Schallwellen bündeln. Die Betrachtung einiger Brechungsmaterialien wird erneut die überzeugende Analogie in der Verhaltensweise von Lichtwellen und Schallwellen herausstellen.

Schon in der Antike kannte man die Bündelungseigenschaften transparenter Materialien wie Glas, wenn sie zu bestimmten geometrischen Formen geschliffen wurden. Bereits der große Archimedes (ca. 287—212 v. Chr.) schlug vor, feindliche Schiffe mit der Hilfe eines „Brennglases" zu zerstören, indem man die Sonnenstrahlen konzentrierte, um mit dieser gebündelten Energie Holz aus einiger Entfernung in Brand zu setzen.

Heute wird fast ausschließlich Glas verwendet, um Linsen zu schleifen, die im Sichtbereich Lichtwellen bündeln. Einige billige Vergrößerungsgläser werden aus klarem Kunststoff hergestellt, sie bilden aber eine Ausnahme. Kameras, Ferngläser, Brillen und die meisten optischen Teleskope haben heute alle Linsen aus edelstem Glas, um ein Höchstmaß an Bündelung zu erreichen.

Nachdem es möglich war, Hochfrequenzwellenlängen zu erzeugen, die kurz genug waren, um effektiv in einem Parabolreflektor gebündelt zu werden, war der nächste logische Schritt, an Linsen zu denken. Glas war jedoch, wie sich herausstellte, für Mikrowellen weniger geeignet als einige Kunststoffe, die geringere Verluste aufweisen. Polystyrol und Polyäthylen wurden wegen ihrer geringen Verluste an Energie die gebräuchlichsten Dielektrika für Mikrowellen-Linsen und Radarantennen-Schutzhüllen. Diese Hüllen wurden Radome (radar domes) genannt;

sie schützen die Radarantennen vor Beeinflussung durch Wind und Wetter, ohne die Hochfrequenzwellen irgendwie zu beeinflussen.

Schon früh erkannten Wissenschaftler, daß auch Schallwellen durch Linsen gebündelt werden können. Mit Gas gefüllte Gummiballons z. B. bündeln Schallwellen wie eine Glaslinse die Lichtwellen, wenn die Schallgeschwindigkeit in dem Gas geringer ist als die in der Luft. Die gängigsten akustischen Linsen basieren jedoch auf starren Konstruktionen. Da diese festen akustischen Linsen zum großen Teil Nebenprodukte früherer Mikrowellenlinsen-Entwicklungen darstellen, erscheint es sinnvoll, zuerst verschiedene Mikrowellenlinsen zu beschreiben.

Hohlleitungslinsen

In dem Maße, wie Mikrowellenantennen an Größe zunahmen, brachte das Gewicht der natürlichen Dielektrika wie Glas oder Polystyrol dielektrische Linsen in eine schlechte Lage im Vergleich zu den leichteren Parabolreflektoren. Eine aus Polystyrol hergestellte Linse mit einem Durchmesser von ca. 3 m wiegt mehrere Tonnen, weit mehr also als ein äquivalenter Aluminiumreflektor. Demzufolge wurden verschiedene leichte Brechungsmaterialien für den Einsatz von Mikrowellen ausprobiert, und die Entwicklungsingenieure konnten sich gewisse Linseneigenschaften zunutze machen.

Bei den ersten dieser Linsen„materialien" nutzte man die Eigenschaft höherer Phasengeschwindigkeit in Hohlleitungen aus. Wie an anderer Stelle schon festgestellt wurde, wird die Geschwindigkeit von Mikrowellen, die sich in Rohren ausbreiten, etwas verändert; innerhalb der Leitung pflanzt sich die Energie langsamer als im freien Raum fort, dennoch breiten sich die Wellenberge schneller aus. Da der Prozeß der Bündelung die Wellenfronten verändert, rechnen wir bei der Ausnutzung des Hohlleitungseffektes zum Linsenbau mit dieser letzteren Geschwindigkeit.

Um zu sehen, wie Hohlleitungen zur Brechung von Mikrowellen eingesetzt werden können, müssen wir uns einen Stapel von in richtige Längen geschnittenen und nebeneinanderliegenden Rechteckhohlleitungen vorstellen. Abb. 68 zeigt diesen Aufbau. Ebene Wellenfronten sollen von links auf den Stapel treffen und rechts wieder austreten. Wir erkennen aus dem Bild, daß die größere Wellengeschwindigkeit innerhalb der Leitung (im Bild durch die längere Leitungswellenlänge λ_G gekennzeichnet) den Wellenfronten eine Neigung gibt, wenn sie das Hohlleitungs-

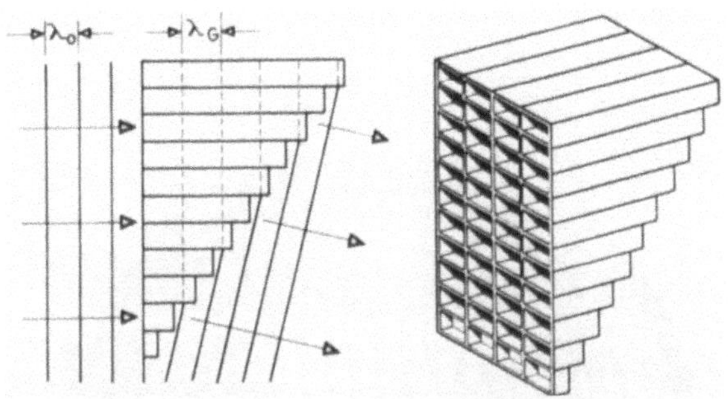

Abb. 68. Ein keilförmiger Stapel aus Hohlleitungen wirkt als Prisma wegen der höheren Wellengeschwindigkeit innerhalb der Hohlleitungen

bündel verlassen. Dieser Hohlleitungsaufbau wirkt auf die Mikrowellen wie ein Prisma und diese „Brechungs"eigenschaft der Hohlleitungen wird und wurde allgemein zur Entwicklung von Linsen verschiedenster Typen und Größen verwertet.

In einer Rechteckhohlleitung ist die Existenz der höheren Phasengeschwindigkeit nicht abhängig von der oberen und unteren Begrenzungswand der Leitung. Deshalb werden Hohlleitungslinsen normalerweise aus Metallblechen hergestellt, wie Abb. 69 zeigt. In Abb. 70 sehen wir eine der ersten Ausführungen dieser Linsen.

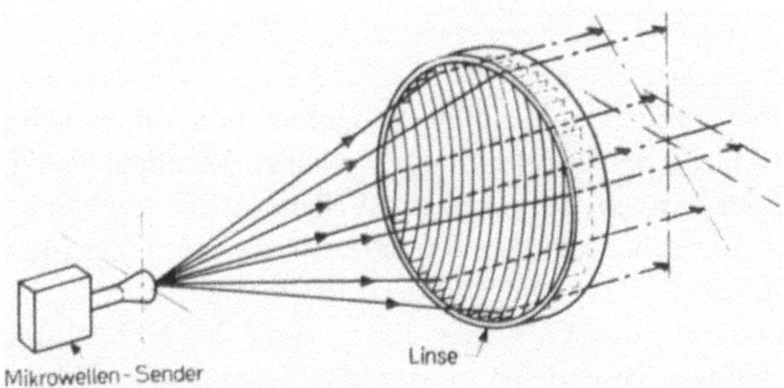

Abb. 69. Nach Entfernen der Decken- und Bodenwände der Hohlleitungen aus Abb. 68 bleibt nur eine einfache Metallblechkonstruktion übrig. Sie bildet eine Mikrowellenlinse, wenn sie in der erforderlichen Weise geformt wird

Sie mißt ca. 45 cm im Durchmesser und wurde während des
Zweiten Weltkrieges entwickelt. Nach bestem Wissen des Autors
stellt sie die erste zweidimensionale Hohlleitungslinse dar. Erfolg-
reiche Tests mit diesem Linsentyp förderten die weitere Erforschung zahlreicher Variationen. Bereits in der Abb. 23 sahen wir

Abb. 70. Die erste zweidimensionale Metallblech-Mikrowellenlinse, die hier
abgebildet ist, wurde während des 2. Weltkrieges gebaut

von einer ähnlichen Metallblech-(Hohlleitungs-)linse gebündelte
Mikrowellen. Beide Abbildungen machen deutlich, daß Linsen,
die auf der Tatsache der erhöhten Wellengeschwindigkeit in Hohlleitungen beruhen, an den Rändern dick und im Zentrum dünn
sein müssen, im Gegensatz zu den Glaslinsen.

Um eine weitere Gewichtsverringerung der Hohlleitungs-Me-
tallblechlinsen zu erzielen, wurde die Technik der „Abstufung“
entwickelt. Bei einer nicht abgestuften kreisförmigen Linse nimmt
die Dicke, im Zentrum beginnend und zum Rand hin fortschrei-

tend, kontinuierlich zu. Bei der abgestuften Linse sind dagegen Stufen, an denen die Dicke einen plötzlichen Sprung macht. Solche Stufen sind bei Mikrowellenlinsen möglich, da die meisten Mikrowellensysteme auf eine bestimmte Höchstfrequenz oder Wellenlänge abgestimmt sind. Die Abstufung basiert auf einer

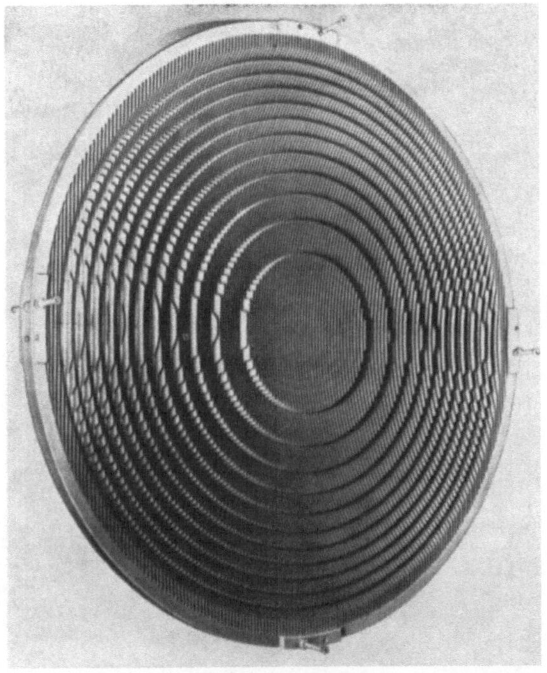

Abb. 71. Dieses Foto zeigt die Abstufung, um die Dicke von Hohlleitungslinsen mit großer Apertur zu reduzieren. Diese Linse wurde in einem Radargerät verwendet, das mit Mikrowellen der Wellenlänge von ca. 1,5 cm arbeitet

bestimmten Wellenlänge, und die Linse arbeitet für diese eine Wellenlänge einwandfrei, nicht dagegen für ganz andere Wellenlängen. Das System für diese Abstufung wird folgendermaßen gewonnen: Man beginnt im Zentrum der kreisförmigen Linse; nach bestimmten Gleichungen nimmt die Dicke zu, bis der Dickezuwachs einer vorgegebenen Wellenlänge entspricht, die innerhalb der Linse gemessen wurde; d. h. eine Leitungswellenlänge.

An diesem Punkt kann die Linsendicke mit einer Stufe auf ihre
ursprüngliche Zentrumsdicke reduziert werden. Wenn an nach-
folgenden Punkten immer der Dickezuwachs gleich einer Leitungswellenlänge ist, kann die nächstfolgende Stufe eingeführt werden.
Abb. 71 zeigt eine kreisförmige abgestufte Linse, die im Schiffsradar benutzt wird, deren Dicke durch den Prozeß der Abstufung

Abb. 72. Linsen mit quadratischer Öffnung werden in Trichterlinsenantennen
verwendet, bei denen der günstigste Abschirmeffekt des Trichters ausgenutzt
wird

relativ gering gehalten wird. Eine quadratische abgestufte Linse
zeigt Abb. 72. Sie ist ein Prototyp der Linse, die bei der ersten
Mikrowellenübertragungsleitung der Bell Company zwischen
New York und Boston benutzt wurde. Die Leitung enthielt
7 Relaisstationen, von denen jede vier quadratische Linsen dieses
Typs in der Größenordnung von 3 m Seitenlänge hatte. Die benutzten Mikrowellenfrequenzen lagen bei 4000 Millionen Hertz;

da ein Telefonkanal eine Bandbreite[1] von nur 4000 Hertz benötigt, konnte diese Leitung mit ihrer sehr hohen Trägerfrequenz gleichzeitig Hunderte Telefongespräche übermitteln.

Abb. 73 zeigt einen der Trichter aus rostfreiem Stahl, der bei der Relaisleitung zwischen New York und Boston verwendet wurde;

Abb. 73. Der Autor steht neben dem Pyramidentrichter mit der Hohlleitungslinse, die für die erste Mikrowellenrelaisverbindung von New York nach Boston entwickelt wurde. Die Metallinse mißt ca. 3 m im Quadrat

in der Öffnung des Trichters befindet sich die Linse von je 3 m Breite und Höhe. In Abb. 74 sehen wir eine Fotografie, die von einer im Trichterhals montierten Kamera aufgenommen wurde.

---

[1] Bandbreite ist ein Begriff, der die Breite des Frequenzbandes angibt, die benötigt wird, um einen bestimmten Signaltyp zu übertragen. So ist die Bandbreite für ein Telegraphensignal (wo nur Punkte und Striche übertragen werden) sehr schmal, d. h. nur wenige hundert Hertz. Eine Bandbreite von 4 kHz hat sich für Telefongespräche als ausreichend erwiesen. Hi-Fi-Spezialisten fordern eine Tonfrequenzbreite, die den gesamten menschlichen Hörbereich umfaßt, d. h. von ca. 30 Hz bis 15 oder 20 kHz. Fernsehsignale erfordern für eine Übertragung fast 5 MHz.

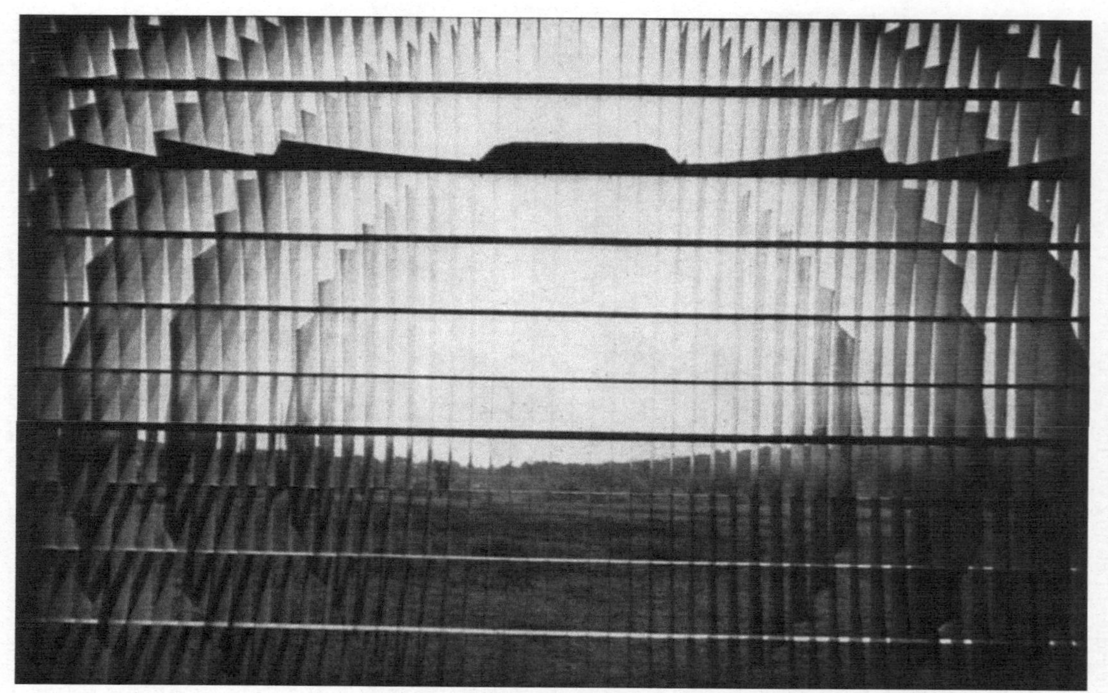

Abb. 74. Ein Blick durch den Trichterausgang der Antenne aus Abb. 73 zeigt die abgestufte Bauweise der Linse

Deutlich sieht man die verschiedenen Abstufungen der Hohlleitungslinse. Die horizontal verlaufenden schwarzen Streifen sind
zur Versteifung und Fixierung der vertikal verlaufenden Hohl-
leitungsbleche nötig. Diese Trichterlinsen-Antenne wurde in den
Bell-Laboratorien von Holmdel, New Jersey, entwickelt. Abb. 75
ist eine Fotografie einer abgestuften Linse, deren Breite von 6 m
einer Öffnung von 480 Wellenlängen der Frequenz entspricht,
für die sie berechnet worden ist. Sie wurde gegen Ende des
Zweiten Weltkrieges entwickelt und erzeugt eine Strahlbreite von
$1/_{10}$ Grad. Sie war zu ihrer Zeit die präziseste Mikrowellenantenne.

Die Eigenschaft der höheren Geschwindigkeit in Hohlleitungen
macht auch die Entwicklung von Linsen mit konstanter Dicke möglich. Der Brechungsindex natürlicher Materialien wie Glas ist festgelegt; daher erreicht man den gewünschten Bündelungseffekt
durch Variation in der Dicke des Glases. Innerhalb einer Hohlleitung ändert sich jedoch die Wellengeschwindigkeit mit der
Breite der Hohlleitung; eine schmale Hohlleitung hat einen stärkeren Brechungseffekt als eine breite. Die Linse in Abb. 76 ist das
Ergebnis der praktischen Auswertung dieser Eigenschaft der
Hohlleitungen. Im Zentrum der Linse erreichen die Hohlleitungen
ihre Maximalbreite, am Rand sind sie schmal. Der größere Brechungseffekt, der bei der Linse in Abb. 70 durch größere Dicke
am Rand entsteht, wird hier durch den Einsatz geringerer Hohl-
leitungsbreite erreicht.

Künstliche Dielektrika

Eine Beschränkung der Verwendungsfähigkeit von „Hohl-
leitungs-Dielektrika" entsteht aus der Tatsache, daß die Wellengeschwindigkeit innerhalb einer Hohlleitung frequenzabhängig
ist. Wir stellten z. B. fest, daß, wenn sich die Leitungsbreite dem
Wert ½ Wellenlänge nähert, die Wellengeschwindigkeit sehr groß
wird. Diese Eigenschaft der Änderung der Wellengeschwindigkeit
(Brechungsindex) in Abhängigkeit von der Frequenz nennt man
Dispersion. Bei optischen Linsen ist die Dispersion ein uner-
wünschter Effekt, da er Strahlen verschiedener Farben erzeugt,
die sich an verschiedenen Brennpunkten sammeln. Er wird auch
Farbfehler (oder chromatische Aberration) genannt; schlimmsten-
falls kann er, z. B. in einer Kamera, verschwommene (unscharfe)

Bilder hervorbringen. Auch für Mikrowellenlinsen ist die Dispersion ungünstig, da sie die Frequenzbandbreite des Signals begrenzt, für welches das Mikrowellensystem ausgelegt ist. Wellen, deren Frequenzen zu verschieden von der Arbeitsfrequenz sind,

Abb. 75. Diese zylindrische, ca. 6 m lange Linse erzeugte zu ihrer Zeit den schärfsten Mikrowellenstrahl. Das Bild zeigt den Erbauer der Linse, W. M. Sharpless, von den Bell Telephone Laboratories

werden nicht im vorgesehenen Brennpunkt gebündelt und deshalb auch nicht wirksam von der Linse abgestrahlt oder empfangen. Mikrowellen-Relaissysteme, die Linsen mit Dispersion enthalten, können nur ein begrenztes Frequenzband übertragen.

Folglich bestand die dringende Notwendigkeit, ein leichtes Linsenmaterial zu schaffen, das nicht die unerwünschte Dispersion der Hohlleitungslinsen aufwies. Da die Notwendigkeit oft die Mutter der Erfindung ist, wurden neue Bauelemente entwickelt, wie z. B. „künstliche" Dielektrika oder metallene Verzögerungsmaterialien. Sie gleichen den echten Dielektrika insoweit, als die Wellengeschwindigkeit verzögert wird, d. h. die Wellengeschwin-

digkeit ist geringer als im freien Raum. Außerdem besitzen sie
einen geringen Verlustfaktor, wie z. B. Polystyrol oder Polyäthylen.
Zum besseren Verständnis wollen wir die physikalischen Grundlagen dieser künstlichen Materialien untersuchen und dadurch

Abb. 76. Eine Bündelungslinse von einheitlicher Dicke erzeugt mit Hilfe verschieden breiter Hohlleitungen den erwünschten Brechungseffekt

klären, warum gewöhnliche Stoffe (wie z. B. Glas) Lichtwellen
verzögern und deshalb brechen.

Wie wirken echte Dielektrika auf Wellen? Die Erforschung
dieser Grundfrage führte zur Entwicklung der künstlichen Dielektrika. Als Folge dieser Untersuchungen wurden winzige Strukturen, wie sie bekannterweise in kristallinen Materialien auftreten, maßstäblich vergrößert; das Ergebnis war die Entdeckung
einer ganzen Familie künstlicher Dielektrika. Diese ursprüngliche

93

Untersuchung und Analyse soll hier genau verfolgt werden. Alle Substanzen bestehen aus einer Ansammlung kleinster Partikeln (Atome und Moleküle). Diese Teilchen oder Gruppen besitzen eine elektrische Ladung und werden deshalb durch die Anwesenheit eines elektrischen Feldes beeinflußt. Wenn wir, wie in Abb. 77, ein kleines Materialteilchen zwischen die Platten eines geladenen elektrischen Kondensators legen, stellen wir fest, daß das Teilchen in seiner Form verzerrt wird. Die negativ geladenen Einheiten in

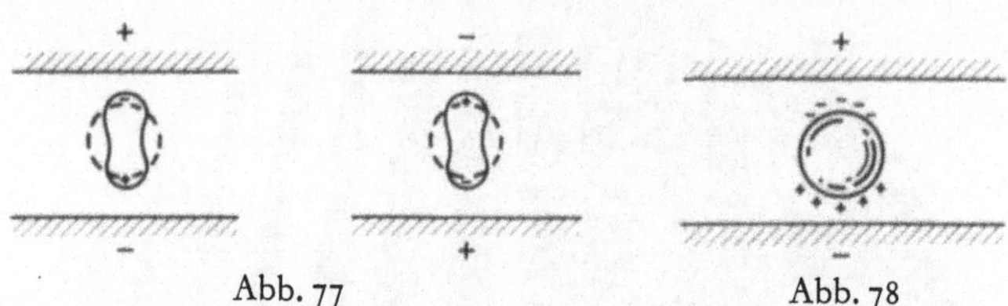

Abb. 77   Abb. 78

Abb. 77. Die geladenen Teilchen eines Glas- oder Dielektrikummoleküls werden von den entgegengesetzt geladenen Platten des Kondensators angezogen. Eine Umkehr des elektrischen Feldes (rechts) kehrt auch die Druckrichtung auf das Molekül um

Abb. 78. Wenn eine leitende Kugel sich in einem elektrischen Feld befindet, bewirken die freien elektrischen Ladungen an der Oberfläche der Kugel, daß sie sich wie das Molekül des Dielektrikums in Abb. 77 verhält

dem Teilchen werden von der positiven Platte des Kondensators angezogen und umgekehrt. Kehren wir die Polarität der Spannung am Kondensator um, wird das Teilchen in umgekehrter Richtung verzerrt.

Elektromagnetische Wellen (Licht- oder Mikrowellen) bauen elektrische Felder auf, die dem elektrischen Feld zwischen den Platten des geladenen Kondensators gleichen. Bei den Wellen ändert sich die Polarität des elektrischen Feldes mit einer Geschwindigkeit, die von der Frequenz der elektromagnetischen Wellen abhängt.

So ändert z. B. unser Haushaltsstrom von 50 Hz seine Polarität 50mal pro Sekunde, d. h. das elektrische Feld dieses 50-Hz-Stromes würde seine Richtung zwischen den Kondensatorplatten 50mal pro Sekunde ändern. Für Mikrowellen, die sich in einer Hohlleitung ausbreiten, bilden die Decken- und Bodenwände der Leitung die parallelen Kondensatorplatten. In diesem Fall ändert sich also das elektrische Feld zwischen den „Platten" in der Größenordnung von mehreren tausend Millionen mal pro Sekunde.

Diese Feldumkehrung setzt sich auch noch fort, nachdem die Wellen aus der Hohlleitung austreten und sich im freien Raum ausbreiten. Eine gleiche, nur noch schnellere Feldumkehrung entsteht bei Lichtwellen im freien Raum. Da violettes Licht eine Frequenz von

Abb. 79. Leitende Kugeln, die im Profil einer Linse montiert sind, bündeln Mikrowellen in einem Brennpunkt

$7,37 \cdot 10^{14}$ Hz hat, würde eines unserer kleinen Teilchen, in den Weg von Wellen violetten Lichts plaziert, $7 \cdot 10^{14}$ mal pro Sekunde eine Feldumkehrung durchmachen. Da jede Aktion eine gleiche und eine entgegengesetzte Reaktion hat, wirkt sich die schnelle Umkehr des Drucks auf das Teilchen auf die Lichtwelle in der Form aus, daß die Fortpflanzungsgeschwindigkeit herabgesetzt wird.

So breitet sich Licht im Glas mit ungefähr zwei Dritteln seiner
Geschwindigkeit in Luft oder im Vakuum aus. Elektromagnetische
Wellen mit niedrigerer Frequenz verhalten sich ebenso; folglich
weist Glas für Mikrowellen den gleichen Brechungsindex oder
Verringerung der Wellengeschwindigkeit auf wie für Lichtwellen.

Abb. 80. Ein leichtes Schaumdielektrikum stabilisiert die leitenden Kugeln,
die als eigentliche Mikrowellenlinse die Bündelung der Wellen erzeugen

Die Wellenlängen von Mikrowellen sind in cm meßbar,
während sichtbares Licht Wellenlängen von Millionstel cm hat.
Daraus folgt eine logische Frage: Kann man die Teilchen,
die an dem Brechungsprozeß beteiligt sind, beim Einsatz von
Mikrowellen nicht viel größer machen? Eine günstige Ant-
wort schien möglich, und man baute die ersten künstlichen
Dielektrika entsprechend zusammen. Zuerst wählte man leitende
Kugeln, da sie sich vielleicht am ehesten zwischen den Kon-
densatorenplatten (Abb. 78) wie die Moleküle echter Dielektrika
verhielten. Um das molekulare Kristallgitter möglichst genau
nachzubauen, wurde die Gruppe leitender Kugeln mit Abstand

96

und isoliert voneinander aufgereiht. Für eine Linse benutzte man einzelne Perlen einer künstlichen billigen Sorte; sie wurden mit einer leitenden Silberfarbe ummantelt und dann auf dünne Holzstäbe gesteckt, um das Gitter zu simulieren. Abb. 79 zeigt

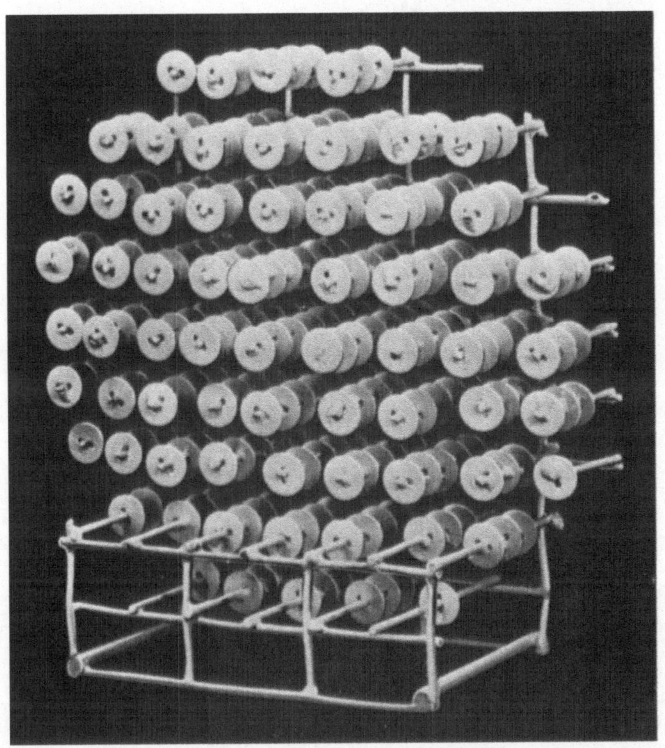

Abb. 81. Leitende Scheiben bündeln Mikrowellen, wenn sie, wie hier gezeigt, ausgerichtet und im Linsenprofil montiert sind

diese Linse. Mit der geringen Anzahl von Kugeln für diese Linse konnte die Linsenform nur annähernd erreicht werden. Die Bündelungseigenschaft war jedoch beachtlich. Dieser erste Erfolg führte zu einem zweiten Typ von „Kugelmolekül"-Linse. Hierbei bildeten Stahlkugeln das Grundelement; sie waren eingebettet in Polystyrolschaum, um das dreidimensionale Gitter zu stabilisieren. Diese Linse zeigt Abb. 80. Da die Kugeln eine dreidimensionale

Symmetrie aufwiesen, waren die ersten Dielektrika homogen oder isotrop; d. h. sie zeigten die gleiche Verhaltensweise bei allen Wellen, unabhängig von deren Richtung oder Polarisation.

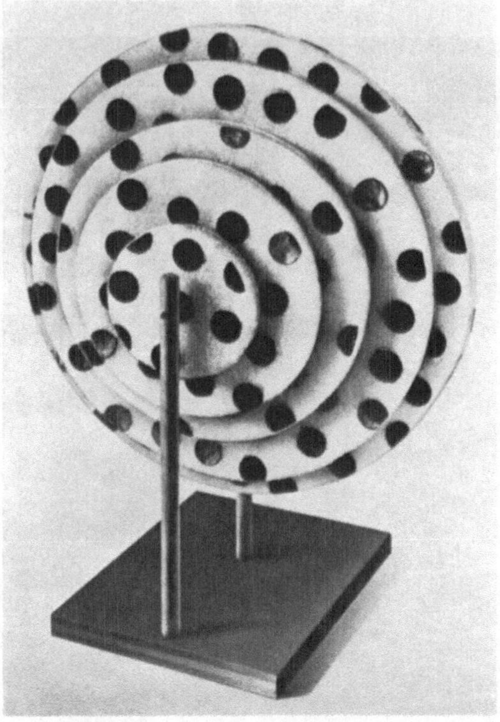

Abb. 82. Scheiben aus Kupferfolie, auf kreisförmige Schaumplatten geklebt, bilden eine leichte Mikrowellenlinse

Da die Entwickler eines Mikrowellensystems sowohl Fortpflanzungsrichtung als auch Polarisation der Mikrowellen beeinflussen können, wird diese isotrope Eigenart in vielen Fällen nicht verlangt. Wenn man eine Linse für eine bestimmte Aufgabe einfacher und billiger herstellen kann, ist es um so besser. So wird z. B. ein erheblicher Gewichtsvorteil erreicht, wenn die Kugeln durch Scheiben ersetzt werden; wenn sie ihre größte Fläche der ankommenden Welle zuwenden, erzeugen sie einen Effekt, der dem der Kugeln gleichkommt. Eine offene Scheibenlinse wird

98

in Abb. 81 gezeigt. Eine weitere Gewichtsreduzierung wurde dadurch erzielt, daß man die Scheiben aus dünner leichter Metallfolie herstellte. Abb. 82 zeigt eine solche Linse mit Scheiben aus Kupferfolie, die auf runden Polystyrolschaumplatten befestigt sind. Diese Linse ist in Abb. 83 verwendet.

Abb. 83. Wenn die Scheiben aus Abb. 81 horizontal verlängert werden, entsteht die leitende Streifenmikrowellenlinse

Sowohl Kugeln als auch entsprechend ausgerichtete Scheiben erzeugen den erwünschten Verzögerungseffekt für Wellen aller Polarisationen. Andererseits kann eine Linse, die nur vertikal polarisierte Wellen bündelt, von großem Nutzen sein. Die Streifenlinse ist eine solche Linse. Wenn wir uns die Scheiben der Linse in Abb. 82 zu horizontalen Streifen zusammengelegt vorstellen, erhalten wir die Streifenlinse in Abb. 83.

Bei der Ausweitung der Bell-Telephone-Mikrowellen-Relaisverbindung New York—Boston auf transkontinentale Übertra-

Abb. 84. Die Mikrowellen-Relaistürme, die Telefon- und Fernsehsignale über Kontinente übertragen, haben Trichterantennen mit Linsen in ihren Öffnungen. Das Linsenmaterial ist ein künstliches Dielektrikum, das aus Metallfolienstreifen besteht, die in Kunststoffschaum eingebettet sind

gungen wurden sehr große Streifenlinsen verwendet, wobei Schaumstoffe die dünnen Metallstreifen verstärkten. Einen der transkontinentalen Relaistürme zeigt Abb. 84; drei der vier Trichterlinsen-Antennen der Art, wie sie in jeder Zweiweg-Relaisstation gebraucht werden, sind sichtbar. Da die künstlichen dielektrischen

Abb. 85. Leitende Streifen, die sehr dicht zusammen und sich überlappend angeordnet sind, bilden ein stark brechendes Medium. Diese Mikrowellenlinse, die dünne Zelluloidblätter als Distanzstücke enthält, hat eine effektive dielektrische Konstante von 225

Linsen keine Dispersion aufweisen, können diese späteren Weiterentwicklungen der Bell-Relaisstationen ein breiteres Frequenzband (mehr Telefongespräche) übertragen als die ursprüngliche Anlage New York—Boston.

Mit Hilfe der Streifentechnik kann man künstliche Dielektrika herstellen, die einen sehr hohen Brechungsindex haben. Die meisten natürlichen Materialien wie Glas oder Kunststoff besitzen

Brechungsindices von ungefähr 1,5; ein natürliches Material mit hohem Index ist ziemlich ungewöhnlich. Beim Bau der Linse in Abb. 85 wurden die Metallstreifen sehr dicht zusammengelegt, auf dünne durchsichtige Kunststoffblätter geklebt; dann wurden diese Kunststoffblätter sehr dicht aneinander gelagert. Die Metallstreifen überschnitten sich, und die Kunststoffblätter dienten als Isolation, um eine Berührung zu vermeiden, die das elektrische Feld der Mikrowellen kurzgeschlossen hätte. Diese Linse erreichte einen Brechungsindex, der 10mal so hoch wie der von Glas ist.

Verzögerungslinsen

Eine andere leichte Mikrowellenlinse verdient noch Beachtung, da sie besonders für akustische Wellen angepaßt werden kann.

Sie wird *Verzögerungslinse* genannt, da ihre Wirkungsweise darauf beruht, die Laufzeit zu kontrollieren, um die Weglänge aller

Abb. 86. Gebogene Metallbleche in der Form eines Linsenprofils erzwingen einen längeren Weg für Mikrowellen und erzeugen dadurch eine Bündelung

gebündelten Wellen gleichlang zu machen. Die Zeichnung in Abb. 39 entstand durch Berechnung der Zeiten, die alle Strahlen auf dem Weg vom Brennpunkt zu einer Ebene benötigen. Die Linse dieses Bildes war eine gewöhnliche Glaslinse, und die geringere Wellengeschwindigkeit, die beim Durchlaufen des Glases auftritt, war verantwortlich für die zusätzliche Zeit, welche die

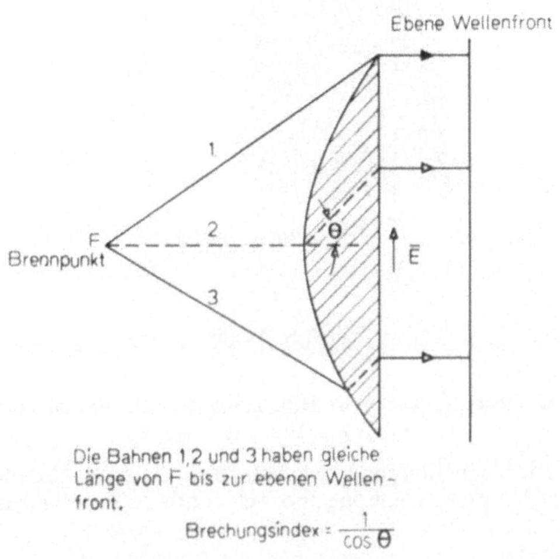

Abb. 87. Ein Querschnitt durch die Linse aus Abb. 86 zeigt deutlich, daß alle Wellen die gleiche Weglänge vom Brennpunkt zu der ebenen Wellenfront zurücklegen. Die gestrichelten Linien zeigen die Wege 2 und 3 durch die Linse

Mittelstrahlen benötigten. Die Wellenlaufzeit kann auch dadurch beeinflußt werden, daß man die Wellen zwingt, längere Wege mit der normalen Geschwindigkeit des freien Raumes zurückzulegen. Abb. 86 zeigt eine solche Konstruktion, die dies verwirklicht. Eine große Anzahl flacher Platten werden unter einem Winkel und in der Kontur einer Linse (d. h. dick in der Mitte, dünn am Rand) montiert. Abb. 87 zeigt einen Querschnitt durch das Zentrum dieser Linse. Da keine Dielektrika verwendet wurden, pflanzen sich die Wellen mit der normalen Geschwindigkeit des freien Raumes fort. Sie werden jedoch gezwungen, einen längeren, diagonalen Weg innerhalb der Linse zurückzulegen. Wenn sie an der rechten Seite austreten, ist ihre Wellenfront identisch mit der Front, die eine dielektrische Linse verläßt, in der die Wellen sich

Abb. 88 a

Abb. 88a u. b. In Japan wurden Verzögerungslinsen in Mikrowellen-Radio-
relaisanlagen eingesetzt. Das obere Bild zeigt die schräge Blechkonstruktion,
ähnlich der Linse in Abb. 86

(Mit freundlicher Genehmigung der Mitsubishi Electric Manufacturing Co.
und der Nippon Telephone and Telegraph Public Corporation)

Abb. 88 b

ungehindert und mit geringerer Geschwindigkeit ausbreiten. Wie bei der Glaslinse in Abb. 39 ist das Profil wieder eine Hyperbel.

Die Grundbauelemente dieser besonderen Linse sind dünne leitende Bleche; die Mikrowellen, die gebündelt werden sollen, durchlaufen sie sehr leicht, wenn ihr Vektor der elektrischen Feldstärke senkrecht zur Ebene der Bleche liegt, wie Abb. 87 zeigt. Der äquivalente Brechungsindex dieses Linsentyps wird bestimmt durch den Winkel, den die Bleche mit der Horizontalen bilden. Dieser Winkel bestimmt, wieviel länger die eigentliche Wegstrecke ist im Verhältnis zum direkten, ungehinderten Weg, den die Wellen ohne die dazwischengeschaltete Linse zurücklegen müßten.

Wegen ihrer relativ einfachen Bauweise wurden diese Linsen auch bei Mikrowellen-Relaisanwendungen eingesetzt. Abb. 88 zeigt eine solche Linse, die in Japan für Relaiszwecke gebaut wurde, und eine japanische Relaisanlage mit vier solcher Trichterlinsenantennen.

Akustische Linsen

Die bisher diskutierten drei Formen von Mikrowellenlinsen können auch Schallwellen bündeln. Wir werden jedoch nicht länger bei der Anwendung von Linsen des Hohlleitungstyps für die Akustik verweilen. Da sie transversale akustische Moden beinhalten, unterliegen sie Begrenzungen in der Bandbreite, die eine praktische Anwendung nicht sehr sinnvoll erscheinen lassen.

Die verschiedenen künstlichen Dielektrika ermöglichen den Bau von akustischen Breitbandlinsen, die sehr wirkungsvoll Schallwellen in breiten Frequenzbereichen bündeln. Wir sahen bereits in Abb. 34 die Streifenlinse aus Abb. 83, die Schallwellen fokussiert. Abb. 31 zeigt Schallwellen, die von einem Streifenprisma gebrochen werden. Für Schallwellen kann man keinen Schaumstoff wie bei der Mikrowellenlinse in Abb. 82 zur Halterung benutzen. Vielmehr muß die akustische Linse eine offene Anordnung der Verzögerungselemente haben, damit nur diese auf die Schallwellen einwirken. Sowohl Scheiben- als auch Streifenkonstruktionen brachten gute Ergebnisse.

Abb. 89 zeigt Schallwellen, die durch eine offene Streifenlinse zu einem Strahl gebündelt werden. Die Nebenzipfel des Strahls sind hier nur schwach zu sehen. In Abb. 90 sind sie dagegen stark hervorgehoben; bei dieser Fotografie wurde die Phasentechnik angewendet.

Um zu zeigen, daß der von dieser Linse erzeugte Strahl sowohl in vertikaler als auch in horizontaler Ebene scharf ist, wurde

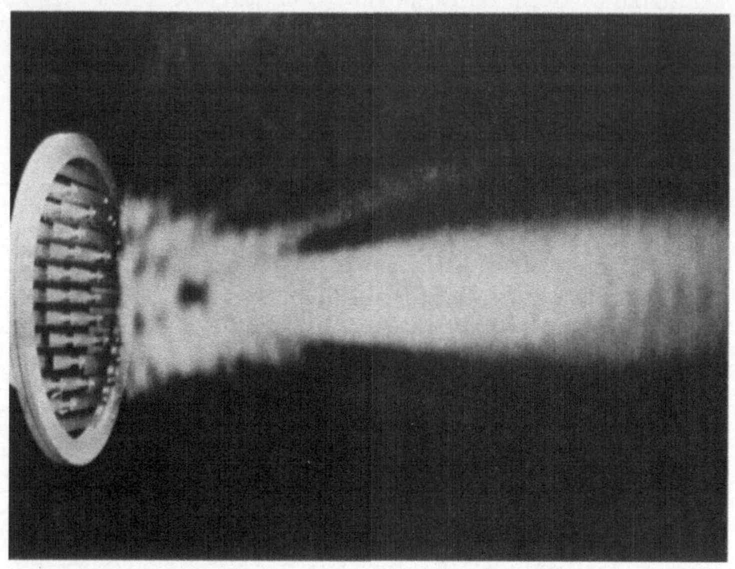

Abb. 89. Wenn schwache Schallwellen von dieser Streifenlinse gebündelt werden, zeigt das Amplitudenbild nur kleine Reste der tatsächlichen Nebenzipfel

Abb. 91 aufgenommen. Hier tastet das Sondenmikrofon in einer Ebene ab, die parallel zur Linsenebene liegt, im Gegensatz zur senkrechten Ebene der vorhergehenden Fotografien. Der kreisförmige Querschnitt des Strahls tritt deutlich hervor, und die Nebenzipfel sind als Kegel mit ringförmigem Querschnitt zu erkennen.

Die Streifentechnik kann zur Bündelung von Schallwellen nur in einer Bauweise eingesetzt werden, die für Mikrowellen nicht möglich ist. Wenn man die Streifen sowohl in horizontaler als auch in vertikaler Richtung verlaufen läßt, entsteht ein Äquivalent zu Metallblechen mit quadratischen Löchern. Eine solche Linse zeigt Abb. 92. Diese Bleche sind für Schallwellen absolut durchlässig und zeigen den gleichen Verzögerungseffekt, der mit Streifen, die in einer Richtung verlaufen, erzielt werden kann. Diese Linse bündelt Schallwellen recht ordentlich; sie ist dagegen für Mikrowellen wegen der Polarisation elektromagnetischer Wellen *nicht* geeignet. Wie wir gesehen haben, erzeugen Mikrowellen bei

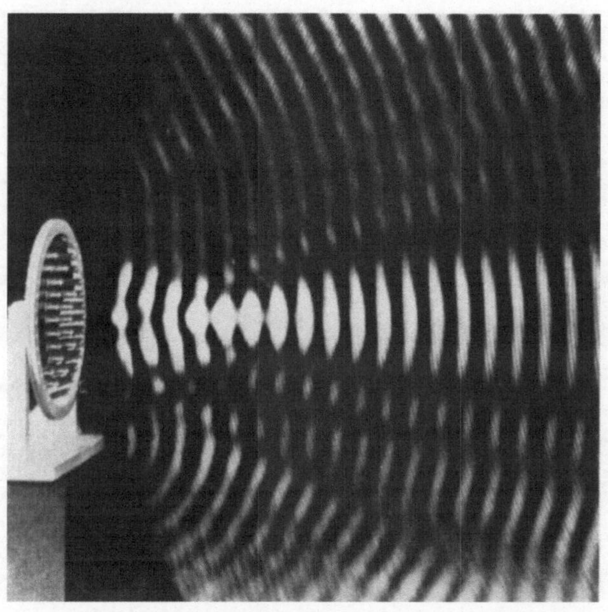

Abb. 90. Starke Schallwellen erzeugen dieses Bild, wobei die große Anzahl von Nebenzipfeln sehr deutlich zu erkennen ist. In diesem Bild ist die Phase der Wellenfronten aufgenommen. Es zeigt, daß zwischen der Hauptkeule und den folgenden Nebenzipfeln eine Phasenumkehrung auftritt

der Ausbreitung ein elektrisches Feld, das von einem Leiter, der parallel zu diesem Wechselfeld verläuft, kurzgeschlossen würde. So wie ein Draht, der die zwei Platten eines Kondensators verbindet, den Kondensator kurzschließt (wie er auch die zwei Drähte unseres 50-Hz-Haushaltsstroms kurzschließen würde), so schließt ein leitender Stab, der zwischen den Zentren der Dach- und Bodenwände einer Hohlleitung verläuft, die Mikrowellenenergie kurz. Lange vertikale Leiter würden im freien Raum vertikal polarisierte Mikrowellen kurzschließen.

Während die „Moleküle" eines künstlichen Dielektrikums für Mikrowellen leitend sein müssen, sollen sie für Schallwellen *unbeweglich* oder *starr* sein. Wie Wasserwellen sind auch Schallwellen ihrer Natur nach mechanisch. Sie werden von einer harten, starren Wand reflektiert.

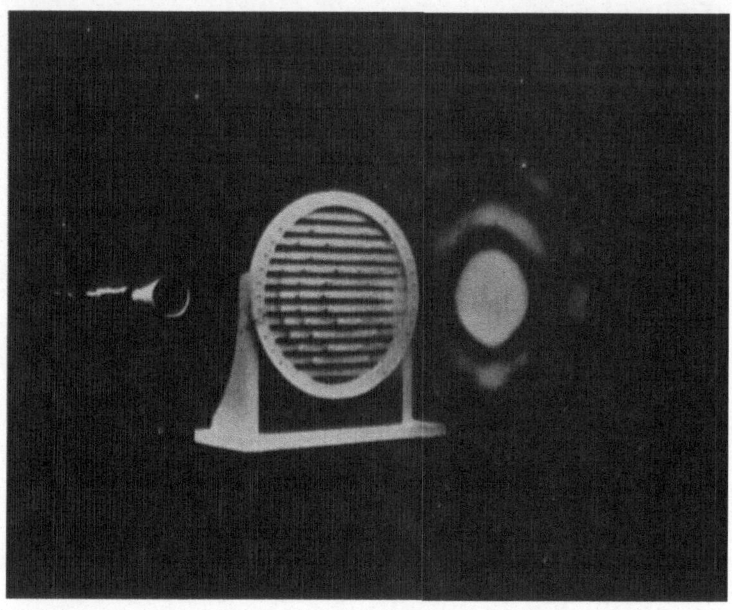

Abb. 91. Ein Querschnitt durch die Hauptkeule und die Nebenkeulen entstand, indem man das Schallfeld in einer Ebene senkrecht zur Wellenrichtung abtastet. Die Nebenzipfel haben die Gestalt ringförmiger Kegel, die den starken Schallkegel der Hauptkeule umgeben

Andererseits stellen die Lichtpartikeln in einem rauchgefüllten Raum kein Hindernis für die Ausbreitung von Schallwellen dar. So werden Schallwellen im allgemeinen nur beeinflußt von einem unbeweglichen oder starren Gegenstand. Elektromagnetische Wellen können entscheidend nur von elektrischen Leitern beeinflußt werden, wie z. B. Kupferdraht oder polierten Metalloberflächen. Wenn wir die zwei Enden eines dicken Kupferdrahtes in eine 50-Hz-Steckdose stecken, lassen wir die Sicherung durchbrennen; gleichermaßen stoppt (reflektiert) eine polierte Metalloberfläche Licht- und Mikrowellen. Wir stellen fest, daß eine nichtleitende Wand (z. B. eine Hauswand) auf Hochfrequenzwellen keinen nennenswerten Einfluß hat; sie passieren die Wand und erreichen tragbare Radioempfänger. Gleichfalls wissen wir,

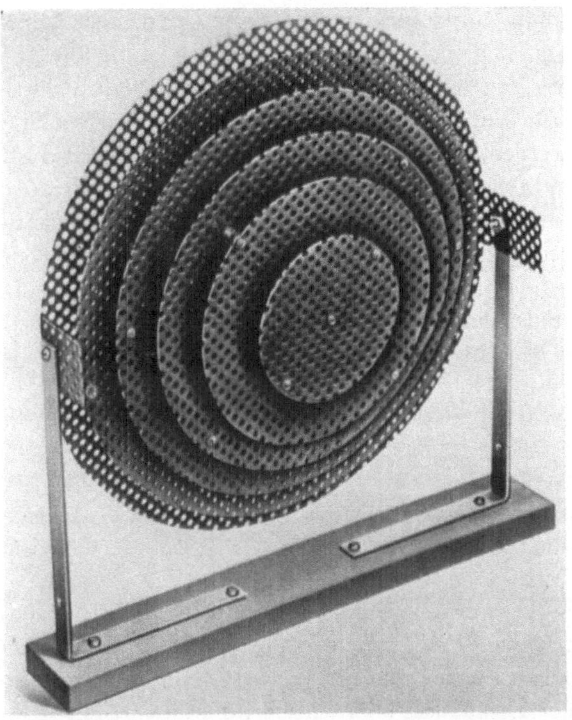

Abb. 92. Diese Linse kann nur Schallwellen und keine elektromagnetischen Wellen bündeln. Man kann sie sich als Streifenlinse mit sowohl vertikal wie horizontal verlaufenden Streifen vorstellen

daß dünne Faserplattenwände in einem Hotelzimmer nicht die Geräusche eines angrenzenden Raumes abschirmen. Um Schallwellen zu beeinflussen, muß das Objekt schwer oder unbeweglich sein. Um elektromagnetische Wellen zu beeinflussen, muß das Objekt ein guter elektrischer Leiter sein. Für die Streifenkonstruktionen gelten dieselben Gleichungen für Mikrowellen wie für Schallwellen, da in diesen Gleichungen die Wellenlänge und nicht die Frequenz maßgebend ist. Es ist interessant, daß bereits Lord Rayleigh diese Gleichwertigkeit von Licht- und Schallwellen erkannte. Bei der Analyse gewisser Beugungs- und Brechungsprobleme arbeitete er oft mit beiden Wellentypen zugleich. Er bezeichnete Schallwellen als „Luftwellen mit Verdichtung und Verdünnung" und elektromagnetische Wellen als „elektrische Wellen, die sich im Dielektrikum ausbreiten". Lord Rayleigh stellte auch als erster fest, daß beim Passieren von Wellen durch einen Schlitz für Luft- oder elektrische Wellen die gleichen Ergebnisse erzielt werden, wenn der Schirm starr bzw. gut leitend ist.

Bei den akustischen Linsen hat die Umweg- oder Verzögerungslinse in der praktischen Anwendung von Mikrowellenstrukturen die besten Ergebnisse erbracht. Aus der Analyse der Abb. 87 geht deutlich hervor, daß solche Linsen in gleicher Weise auf Schallwellen und Mikrowellen wirken, da beide Wellentypen gezwungen werden, den längeren Weg zurückzulegen. Außerdem spielt die Polarisation keine Rolle, da normale Schallwellen keine Polarisationseigenschaften haben. Abb. 33 zeigt die Umweglinse aus Abb. 86, die kreisförmige Wellenfronten der Schallwellen, die aus dem akustischen Trichter links abgestrahlt werden, in ebene Wellenfronten umwandelt. In Abb. 65 sahen wir, wie eine Linse den Lautsprecherbedeckungsbereich durch Verbreiterung des Strahls verbessert. Die dabei verwendete Linse war eine Streu-(konkav-)Umweglinse (dünn in der Mitte, dick am Rand). Verzögerungslinsen sind heute in zahlreichen, im Handel erhältlichen Hochtonlautsprechern zu finden.

Bei der Diskussion über Linsen für Mikrowellen stellten wir fest, daß ein ganzer Trichter, der bis an die Linse reicht, einen Abschirmeffekt erzeugt. Die abgestrahlte Mikrowellenenergie ist innerhalb des Trichters gefangen, bis sie durch die Linse zu einem Strahl gebündelt wird. Auf diese Weise wird das „Übersprechen" zwischen einer Sendeantenne und einer in der Nähe stehenden, sehr empfindlichen Empfangsantenne weitgehend reduziert. Abb. 93 zeigt eine Trichter-Linsen-Kombination mit einer Schrägplattenlinse. Diese Konstruktion stellt außerdem einen hervorragenden Richtstrahler und -empfänger von Schallwellen dar und hat in dieser Anwendung sogar gewisse Vorteile gegenüber Parabolreflektoren.

Obwohl Parabolreflektoren vorwiegend als Mikrowellenantennen Verwendung finden, werden sie, wenn entfernter Schall in seiner Lautstärke gesteigert werden soll, auch für Schallwellen gebraucht. So wird z. B. entfernter Vogelgesang oft mit Hilfe

Abb. 93. Eine vollständige Hornspeisung verbessert die Wirkung einer Umweglinse für Mikrowellen und Schallwellen. Bei Mikrowellen stellt das Horn einen Abschirmeffekt dar, für Schallwellen wird eine Verbesserung des Richtvermögens erzielt, wenn ein großes Spektrum von Hörfrequenzen beteiligt ist

eines Parobolreflektors aufgenommen. Wie wir jedoch in Verbindung mit Abb. 42 sahen, beeinflussen die Richtverhältnisse des Trichters zusammen mit dem Parabolreflektor die Effektivität dieser Kombination ganz entscheidend. So verursacht die feststehende Apertur des Trichters, daß dieser bei hohen Frequenzen eine große Richtwirkung zeigt, bei extrem niedrigen Frequenzen dagegen richtwirkungsfrei ist.

Wenn hohe Frequenzen von dem kleinen Speisehornstrahler abgestrahlt werden, wird nur das Zentrum des Reflektors ausgeleuchtet. Werden niedrige Frequenzen abgestrahlt, entsteht ein „Überlaufen" der meisten Energie über den Rand des Reflektors, da der Trichter bei diesen Frequenzen keine nennenswerte Richtwirkung aufweist. Der gleiche Effekt entsteht, wenn Reflektor und Trichter als Empfänger für entfernte Schallquellen dienen.

Dieser unerwünschte Effekt, der bei dem Versuch, die Kombination für einen möglichst weiten Frequenzbereich nutzbar zu machen, zeigt sich nicht bei der Trichter-Linsen-Kombination in Abb. 93, wenn sie für Schallwellen eingesetzt wird. Sie bringt die für ihre Apertur bestmögliche Richtwirkung, unabhängig von der Frequenz. Alle Klänge, hoch oder tief, gelangen in die Trichteröffnung, werden gebündelt und zu dem akustischen Mikrofon „geführt", das im Trichterhals montiert ist.

Stäbe aus künstlichen Dielektrika

Bei der offen angeordneten Scheibenlinse in Abb. 81 wurden mehrere Scheiben auf zentrischen Stäben montiert, und einzelne Stäbe bildeten zusammen die Form der Linse. Man kann sich jeden dieser Stäbe als zylindrischen dielektrischen kurzen, dicken Stab vorstellen, den zylindrischen Stäben der echten Dielektrika in Abb. 49 vergleichbar. In Verbindung mit Abb. 50 stellten wir fest, daß dielektrische Stäbe Mikrowellen leiten und, im Zusammenhang mit Abb. 46, daß sie auf abgestrahlte Mikrowellen eine Richtwirkung ausüben.

Abb. 94 zeigt die Fotografie eines Radargerätes der USA aus dem Zweiten Weltkrieg, das 42 solcher dielektrischen Stäbe als Strahler in seiner Antennenkombination besitzt.

Aus der bekannten Wirkungsweise der dielektrischen Linse aus zahlreichen Reihen von Scheiben in Abb. 81 können wir erwarten, daß der mit Scheiben bestückte Stab in Abb. 95 als dielektrischer Stielstrahler wirkt, wenn er wie auf dem Bild in eine Hohlleitungseinspeisung eingesetzt wird. Abb. 96 zeigt ein Bild der Wellenfronten der aus diesem Strahler austretenden Mikrowellen. Das Foto wurde nach der früher beschriebenen Methode aufgenommen. Ohne den Stab wären die Wellenfronten kreisförmig gewesen und hätten ihr Zentrum an dem kleinen Einspeisungstrichter an der rechten Seite gehabt. Durch die Wirkung des Stabes sind die Wellenfronten eben wie die rechts aus der Linse austretenden Wellenfronten in Abb. 96. Durch den Stab

Abb. 94. Dieses Schiffsradar aus dem 2. Weltkrieg besaß eine Anordnung dielektrischer Stielstrahler als Mikrowellenantenne. (Mit freundlicher Genehmigung der Bell Telephone Laboratories)

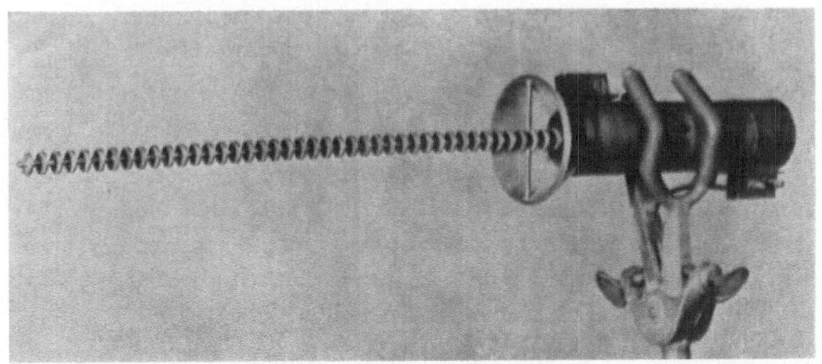

Abb. 95. Eine lange Reihe leitender Scheiben bildet einen „künstlichen" dielektrischen Stiellängsstrahler

entstehen also Wellenfronten mit wesentlich breiterer Öffnung des ebenen Bereichs, als die Öffnung des kleinen Trichters der Einspeisungsleitung vermuten ließ. Folglich wird durch die Anwendung des Stabes ein Richtwirkungsgewinn erzielt.

Die praktische Anwendung des durch künstliche dielektrische
Stabantennen erreichten hohen Richtwirkungsgewinns brachte
Fortschritte in der Entwicklung von Fernsehempfangsantennen.
Abb. 97 zeigt eine solche sehr richtungsempfindliche Antennen-
einheit. Sie wurde in New York eingesetzt, um die zahlreichen

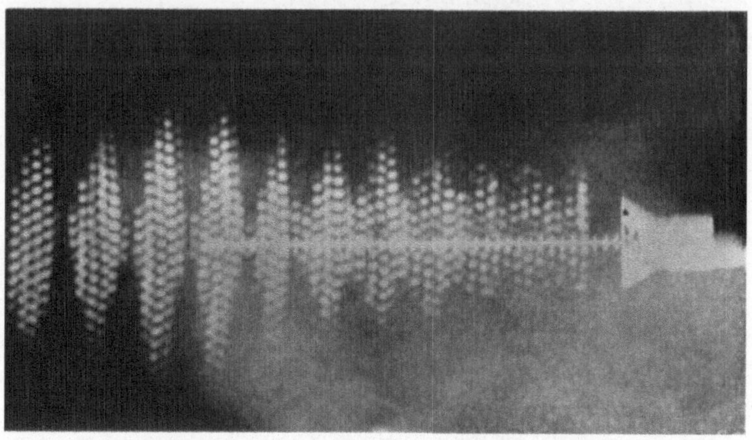

Abb. 96. Die normalerweise von einem kleinen Mikrowellentrichter abgestrahlten kreisförmigen Wellenfronten werden durch das künstliche Dielektrikum
der axial auf einem Stab aufgereihten Scheiben in ebene Wellenfronten mit
größerer Ausdehnung umgewandelt. Diese breiteren ebenen Wellenfronten
entsprechen solchen aus Trichtern mit größerer Apertur und höherem Gewinn

Reflexionen der ausgestrahlten Fernsehsignale an hohen Gebäuden
auszuschalten. Ausgerichtet auf den stärksten Signaleinfall, macht
diese Antenne aus einem verschwommenen ein scharfes Fernsehbild. Bei dieser Anwendung sind nur horizontal polarisierte Wellen betroffen, so daß Scheiben durch horizontale Stäbe ersetzt
werden konnten. Wegen der beim Fernsehen benutzten langen
Wellenlängen käme ein echter dielektrischer Stab nicht in Frage,
genausowenig wie ein Parabolspiegel oder eine Linse.

Wenn man die Reihe der auf einen Stab aufgesetzten Scheiben
ins Unendliche fortsetzt, entsteht eine Mikrowellen-Hohlleitung,
welche die geringen Verlusteigenschaften einer echten dielektrischen Stabhohlleitung aufweist. Der lange weiße „Draht" in
Abb. 98 ist ein solcher „scheibenbestückter Stab".

Abb. 97. Das Bild zeigt einen künstlichen dielektrischen Strahler mit Scheiben auf einem Stab für die meterlangen, horizontal polarisierten Fernsehwellen. Er erweist sich wegen seiner hohen Richtempfindlichkeit als gute Fernsehempfangsantenne, die von hohen Gebäuden reflektierte „Echos" der Fernsehsignale und damit die „Geister" im Fernsehbild ausschaltet

Wie das Foto zeigt, muß die Leitung nicht ganz gerade sein; die Kurve am Ende ist sanft genug, um die Mikrowellenenergie noch an die Leitung zu „binden". Die Energie tritt am Ende der Leitung aus und wird von dem Trichterempfänger in der Hand des Forschers aufgefangen.

Da die offene Scheibenlinse sowohl Mikrowellen als auch Schallwellen bündelt, kann auch die mit Scheiben bestückte Leitung beide

Wellenarten leiten. Bei der Aufnahme des Fotos in Abb. 98 wurden gleichzeitig Schallwellen und elektromagnetische Wellen über die Leitung gesendet. Um die Schallwellen zu empfangen, wurde der Mikrowellenempfänger durch den weißen konischen akustischen Trichterempfänger (auf dem Bild rechts hinten) ersetzt.

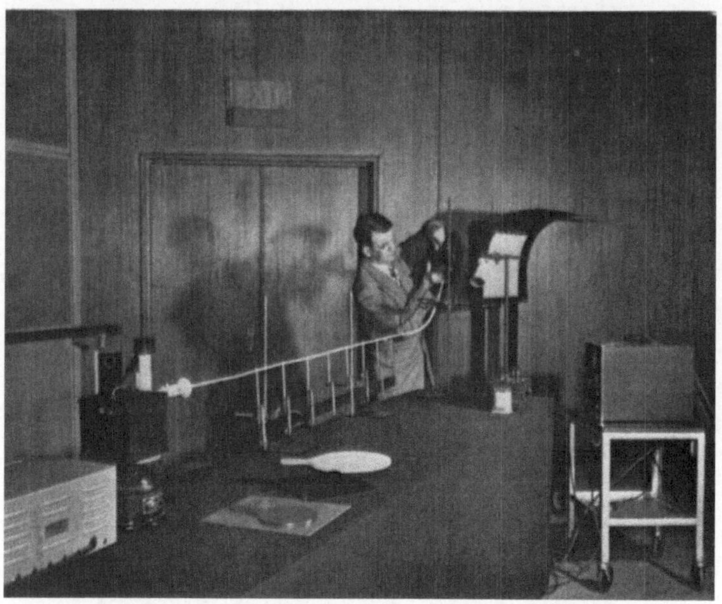

Abb. 98. Das mit Scheiben bestückte Metallstabdielektrikum kann auf größere Längen ausgedehnt werden. Der „weiße Draht" auf diesem Foto ist solch eine Hohlleitung, die in der Lage ist, simultan Mikrowellen und Schallwellen zu leiten

Sowohl bei akustischen Wellen als auch bei Mikrowellen kehrt die scheibenbestückte Wellenleitung im Vergleich zu den Röhrenhohlleitungen in ihrer Arbeitsweise das Innere nach außen. Das Metallbauteil befindet sich in der Achse, und die Wellenenergie wird entlang dem Gebiet nah an und um den Stab herum geleitet, anstatt innerhalb der Röhre.

Simultanversuche mit Schall- und Mikrowellen

Es gibt einige Experimente, die eindeutig die Ähnlichkeit zwischen Lichtwellen und Schallwellen aufzeigen. Bei diesen Versuchen werden zwei der in diesem Kapitel beschriebenen Geräte verwendet, um gleichzeitig Schallwellen und Mikrowellen zu leiten oder zu bündeln.

Wir beginnen mit einem mit Scheiben bestückten Stab. Mit Hilfe eines T-Stückes können wir Schallwellen und Mikrowellen

Abb. 99. Ein T-Stück dient dazu, Schallwellen und Mikrowellen gleichzeitig zu einem künstlichen dielektrischen Stielstrahler zu leiten. Mit Hilfe des Empfängers auf der rechten Seite stellt man fest, daß ein Drahtgitter nur die Schallwellen, ein Holzbrett nur die Mikrowellen passieren läßt und daß ein Metallblech beide Wellentypen abschirmt

in die Rundhohlleitung einführen, welche die Wellen dann zu dem Metallscheibenlängsstrahler weiterleitet. Abb. 99 zeigt diesen Versuchsaufbau.

Sowohl Schallwellen als auch Mikrowellen werden dann ausgestrahlt, und es entstehen ähnliche Richtcharakteristika für beide Wellentypen. Der Schallwellendetektor (das weiße runde Mikrofon) kann mit einem Verstärker versehen werden, der auf laute

Schallwellen, die das Mikrofon erreichen, mit dem Aufleuchten
einer Lampe reagiert. Ebenso können der Mikrowellendetektor
und -verstärker (der rechteckige Trichter) eine Lichtquelle einer
anderen Farbe zum Leuchten bringen, wenn starke Mikrowellen
am Detektor eintreffen. Wenn die zwei Detektoren wie auf unserem Bild nebeneinander angeordnet sind, zeigt das gleichzeitige

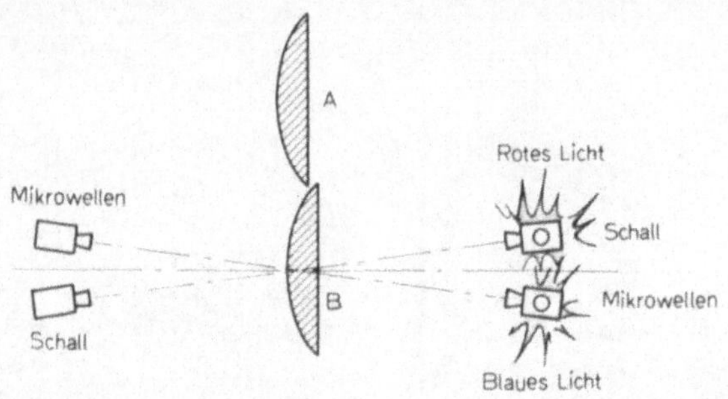

Abb. 100. Die gleiche Verzögerungslinse bündelt gleichzeitig die Schallwellen
und Mikrowellen, die von den Sendern auf der linken Seite abgestrahlt werden

Aufleuchten der beiden Lampen das simultane Vorhandensein
beider Wellentypen.

Um das Vorhandensein beider Wellentypen noch deutlicher
sichtbar zu machen, können wir eine der beiden Energieformen
abschirmen, indem wir ihr etwas in den Weg legen. Wenn also
das auf dem Tisch liegende Holzbrett in den Weg gehalten wird,
werden die Schallwellen blockiert, und deren Lampe geht aus.
Die Mikrowellen dagegen durchdringen das Holz und ihre Signal-
lampe bleibt an. Ein Metallschirmgitter mit Öffnungen, die im
Verhältnis zur Mikrowellenlänge klein sind, kann das elektrische
Feld der Mikrowellen kurzschließen, wenn die Leiter parallel zum
elektrischen Vektor aufgereiht sind. Auf dem Bild stehen sie senkrecht zum elektrischen Vektor und weder Mikrowellen noch
Schallwellen werden beeinflußt. Wenn das Gitter gedreht wird
und die Stäbe senkrecht stehen, können nur noch die Schallwellen
passieren. Wieder leuchtet nur eine Lampe auf, diesmal die Lampe
am akustischen Empfänger. Das Metallblech auf dem Tisch
schirmt Schallwellen und Hochfrequenzwellen ab und verursacht
das Verlöschen beider Lampen.

Wir haben beobachtet, daß die Linse in Abb. 86, die ursprünglich für Mikrowellen entwickelt wurde, auch Schallwellen bündelt. Die simultane Bündelung beider Wellentypen kann in einem Versuch demonstriert werden, der in Abb. 100 skizziert ist.

Ein Schallerzeuger und -empfänger sowie ein Mikrowellenerzeuger und -empfänger werden, wie im Bild gezeigt, auf beiden Seiten der Linse aufgestellt. Steht die Linse außerhalb des Wellenstrahls (A), sind die empfangenen Signale zu schwach, um die Anzeigelampen aufleuchten zu lassen. Steht die Linse jedoch in der richtigen Lage, brennen beide Lampen. Wenn die Schall- und Mikrowellen die gleichen Wellenlängen haben, ist die Strahlbreite (Brennweite) der Linse für beide Wellenarten gleich. Wenn die Linse dann weggenommen wird, gehen beide Lampen gleichzeitig aus.

Nachwort

Es gibt sicher verschiedene Möglichkeiten, diesen kurzen Überblick über die Wellen zu einem guten Abschluß zu bringen. Man könnte auf die Bedeutung einiger Eigenschaften der Licht- und Schallwellen zurückkommen. Die zuerst genannte Gleichung (*Wellenlänge = Geschwindigkeit : Frequenz*) macht bereits deutlich, daß man auch bei sehr unterschiedlicher Fortpflanzungsgeschwindigkeit von Licht und Schall durchaus gleiche Wellen*längen* bei beiden Erscheinungsformen antreffen kann, wenn man nur sehr verschiedene Frequenzen wählt. Die Möglichkeit, daß ein Schalltrichter oder eine Antenne ein Strahlenbündel bildet, hängt nur ab von der Größe der Apertur, gemessen in Wellenlängen (*Strahlbreite = 51 λ/a*), und *nicht* etwa davon, ob die Wellen von elektromagnetischer oder akustischer Natur sind. Die Ähnlichkeit beider Wellentypen mit Wasserwellen, die sich auf einem Teich ausbreiten, konnte festgestellt werden. Diese Analogie kann man sogar auf die Begriffe der Wellengeschwindigkeit (*Phasengeschwindigkeit*) und Energiegeschwindigkeit (*Gruppengeschwindigkeit*) ausdehnen. Man sah außerdem, daß Schall- und Mikrowellen sehr leicht als *kohärente* Strahlung erzeugt werden können. Dies erfolgt jedoch nur als monofrequenter Wellenzug. Durch die Entwicklung des Lasers ist dagegen kürzlich stark kohärentes Licht eine Realität geworden. Eine weitere Erkenntnis war, daß Wellen in Schattenzonen durch die Ränder undurchsichtiger Körper, die diese Schatten verursachen, *gebeugt* wurden, und daß die Ausbreitungsrichtung durch *Brechung* geändert werden kann. Diese Brechung tritt beim Einsatz von Prismen und Linsen auf, die ihrerseits eine Veränderung der Wellengeschwindigkeit verursachen. Schließlich sah man, daß eine *Beschränkung* der Wellenausbreitung (z. B. Mikrowellen in einer Hohlleitung) ungewöhnliche Energieverteilungen zur Folge hat, die wiederum ihrerseits Veränderungen der Wellengeschwindigkeit verursachen.

Eine andere Möglichkeit, dieses kleine Buch zu beenden, wäre das Hervorheben der parallelen Beziehungen zwischen Objekten, die unsere beiden Wellentypen in ihrer Bewegung beeinflussen oder beeinträchtigen. Dazu wurde festgestellt, daß elektromagnetische Wellen auf Grund ihrer elektrischen Natur durch die Anwesenheit elektrischer Leiter stark beeinflußt werden, wohingegen Nichtleiter, selbst wenn es Stein- oder Holzwände mit großer Starrheit sind, keinen Einfluß ausüben. Die Satelliten Echo I und Echo II, die eine äußere Ballonhülle aus dünnschichtiger Polyäthylen-Kunststoffolie haben, reflektieren dennoch Mikrowellen, weil in den Kunststoff eine extrem dünne, elektrisch leitende Schicht eingelassen ist. Die Fernsehsignale werden von diesen Satelliten über mehrere tausend Kilometer zur Erde zurückgeworfen. Schallwellen werden dagegen nicht durch eine elektrisch leitende Abschirmwand oder eine Fensterscheibe in der Ausbreitung gestört. Sie durchdringen auch dünne Kunststoffplatten unabhängig davon, ob diese wie die Echo-Satelliten metallisiert sind oder nicht. Eine dicke, starre Wand ist für Schallwellen jedoch undurchdringbar. So erkennt man, wie Lord Rayleigh es bereits beschrieb, die Wechselbeziehung zwischen der „leitenden" Randbedingung für Lichtwellen und der „starren" für Schallwellen.

Abschließend soll nochmals auf das Vorwort verwiesen und damit nachdringlich betont werden, daß man durch die Beobachtungen von Ähnlichkeiten und Unterschieden zu neuen Erkenntnissen und Entdeckungen gelangen kann. Als Beispiel diene der Trichter oder das Megaphon (Sprachrohr), mit deren Hilfe die ersten Wissenschaftler Schallwellen richteten und die eine Grundlage für die Entwicklung der sehr praktischen, richtungsempfindlichen Trichter bildeten, die man heute weitgehend im Mikrowellengebiet einsetzt. Die Parabolreflektor-Teleskope der Astronomie bildeten die Basis für den Aufbau von parabolischen Tonabnehmern für Schallwellen und später auch für die Parabolantennen, die zur Bündelung von Mikrowellen eingesetzt werden. Man sah außerdem, wie das *Erkennen* von Ähnlichkeiten zum Einsatz von Hohlleitungen führte, um deren Einfluß auf die Wellengeschwindigkeit von Mikrowellen zur Bündelung auszunutzen (Abb. 70), genauso wie erst der Unterschied der Lichtgeschwindigkeit zwischen der Ausbreitung im freien Raum und in Glas die

Lichtbündelung in Glaslinsen ermöglichte. Zur Entwicklung „künstlicher" dielektrischer Mikrowellenlinsen führten die Erkenntnisse und Analysen der Versuchsergebnisse, die aus der Untersuchung der Brechung von Lichtwellen durch die Einwirkung einzelner Glasmoleküle gewonnen wurden. Seitdem der kohärente Lichtstrahl des Lasers Wirklichkeit geworden ist, lernte man neue Möglichkeiten der Handhabung von sichtbaren Lichtwellen kennen, so wie man jetzt an der Erforschung kohärenter Schall- und Mikrowellen arbeitet.

So soll denn auch als Schlußgedanke die oftmals betonte Aufforderung genannt werden, daß jeder sich durch die geschilderten Methoden zu neuen Verfahren angeregt fühlen möge. *Wo* kann man eine neue Entdeckung, die gerade beschrieben wurde, noch in ähnlicher Form einsetzen? *Wo* bestehen ähnliche Zusammenhänge zwischen dieser Entdeckung und anderen Wissenschaftsbereichen? *Wo* gibt es Ansätze aus anderen Bereichen, die eine neuere Entdeckung vervollkommnen oder die von dieser profitieren können? So lernt man, daß diese gegenseitige Befruchtung auf den Gebieten der Schallwellen und Lichtwellen zum Erfolg führten. Wie kann *ich* jetzt weiter nach diesem Prinzip arbeiten?

Literaturhinweise

Aschoff, V.: Nachrichtenübertragungstechnik. Heidelberg. Taschenbücher, Bd. 37. Berlin-Heidelberg-New York: Springer 1968.

Benade, A. H.: Horns, Strings and Harmony. Science Study Series. Chapt. 1—4. New York: Doubleday & Co. 1960.

Bergeijk, W. A. van, Pierce, J. R., David, jr., E. E.: Waves and the Ear. Science Study Series. Chapt. 2—3. New York: Doubleday & Co. 1960.

Bowen, E. G.: A Textbook of Radar. Sec. Ed. Cambridge: Cambridge University Press 1954.

Friis, H. T.: Microwave Repeater Research. Bell System Tech. J. **27**, 183—246 (1948).

— Lewis, W. D.: Radar Antennas. Bell System Tech. J. **26**, 219—317 (1947).

Griffin, D. R.: Echoes of Bats and Men. Science Study Series. Chapt. 3 and 4. New York: Doubleday & Co. 1959.

Klinger, H. H.: Mikrowellen — Grundlagen und Anwendungen der Höchstfrequenztechnik. Berlin: Verlag für Radio-Foto-Kinotechnik 1966.

Meinke, H. H.: Elektromagnetische Wellen — Eine unsichtbare Welt. Verständliche Wissenschaft, Bd. 84. Berlin-Göttingen-Heidelberg: Springer 1963.

Meyer, E.: Electro-Acoustics. London: George Bell & Sons 1939.

— Neumann, E.-G.: Physikalische und technische Akustik. Braunschweig: Vieweg 1967.

— Pottel, R.: Physikalische Grundlagen der Hochfrequenztechnik. Braunschweig: Vieweg 1969.

Lord Rayleigh: Theory of Sound. New York: Dover Publications 1945.

Schelkunoff, S. A., Friis, H. T.: Antennas: Theory and Practice. Chapt. 1, 5, 6, 16, 18 and 19. New York: Wiley & Sons 1952.

Sachverzeichnis